W0263975

Indizieren und Auswerten

von

Kurbelweg- und Zeitdiagrammen.

Von

A. Wagener,

Professor an der Königl. Technischen Hochschule zu Danzig.

Mit 45 Textfiguren.

Berlin.

Verlag von Julius Springer.

1906.

Alle Rechte, insbesondere das der
Übersetzung in fremde Sprachen, vorbehalten.

Softcover reprint of the hardcover 1st edition 1906
ISBN-13: 978-3-642-47313-5   e-ISBN-13: 978-3-642-47768-3
DOI: 10.1007/ 978-3-642-47768-3

Vorwort.

Indikatoren, bei denen das Diagrammblatt mit Hilfe einer oder mehrerer Trommeln ohne Richtungswechsel am Schreibstift vorbei bewegt wird, sind zwar seit langem bekannt, haben indessen eine ausgedehnte Verwendung bisher nicht gefunden. Sie wurden vielmehr nur ausnahmsweise, mehr zu Forschungsarbeiten als zu technischen Untersuchungen gewöhnlicher Art benutzt und dann in einer Gestalt zusammengebaut, die für den gerade verfolgten Zweck durchaus brauchbar sein mochte, aber in keinem Falle zu einer für die fabrikmäßige Herstellung geeigneten Ausbildung geführt zu haben scheint. Man könnte versucht sein, hieraus den Schluß zu ziehen, daß ein Bedürfnis nach solchen Untersuchungsmitteln im allgemeinen nicht empfunden werde. Demgegenüber verdient beachtet zu werden, daß der Erfahrung gemäß Bedürfnisse nach Verbesserungen nicht selten vorhanden sind, ohne sich vernehmlich kund zu tun. Sie befinden sich gleichsam in gebundener Form und werden erst frei und wirksam, sobald die ersten Mittel zu ihrer Befriedigung gegeben sind und ein Versuch damit die angestrebten Verbesserungen als erreicht oder doch der Verwirklichung nahe erkennen läßt. Dies scheint mir auch auf die genannten Indikatoren zuzutreffen. Verschiedene technische Untersuchungen, die ich im Laufe der letzten Jahre damit angestellt habe, hinterließen mir den Eindruck, solche Hilfs-

mittel nicht mehr entbehren zu können, und Ähnliches wurde
von seiten mehrerer Fachgenossen bestätigt, die sich ebenfalls
mit ihrer Handhabung vertraut gemacht hatten. Hieraus entstand der Wunsch, die Indikatoren der erwähnten Art und
die dazu gehörenden Nebeneinrichtungen so ausbilden zu helfen,
daß sie für eine ihre allgemeinere Verwendung fördernde fabrikmäßige Herstellung sich eignen und entweder fertig bezogen
oder doch nach bestimmten Angaben und Entwürfen in Ausführung gegeben werden könnten, die aus den bisher angestellten Versuchen als Erfahrungswerte hervorgegangen sind.

Zur erfolgreichen Lösung einer solchen Aufgabe bedarf
es aber der gemeinsamen Anstrengungen einer größeren Zahl
berufener Fachleute. Hierzu einen gewissen Beitrag zu
liefern, nämlich die für die Aufzeichnung und Verwendung
von Kurbelweg- und Zeitdiagrammen wesentlich in Betracht
kommenden Punkte in mehr geschlossener Form zusammen-
zustellen, als dies bisher geschehen ist, einige bereits ge-
wonnene Erfahrungen mitzuteilen und zu ferner anzustreben-
den Verbesserungen in bestimmter Form anzuregen, ist der
Zweck der vorliegenden Abhandlung. Hoffentlich bleibt ihr
in Anbetracht dieses Umstandes der Vorwurf erspart, daß
sie verfrüht über allzuwenig Erreichtes berichten wolle.

Wie aus den bisher erzielten Ergebnissen hervorgeht,
können die zurzeit üblichen Indikatoren durch Hinzufügung
einiger Teile leicht eine wertvolle Ergänzung in solcher Weise
erfahren, daß sie sich nach Bedarf nicht nur mit schwingender,
sondern auch mit umlaufender Trommel verwenden lassen,
und zwar zu technischen Untersuchungen aller Art. Für
wissenschaftliche Forschungen dagegen kommt wohl allein
die Benutzung der umlaufenden Trommel in Betracht, doch
bedarf der Indikator auch noch wesentlicher Änderungen
hinsichtlich der Durchbildung seines Triebwerkes und der
Aufzeichnung der Kolbenwege.

Bei der Ausarbeitung verschiedener Entwürfe und bei der Erprobung der ausgeführten Einrichtungen sind mir geschätzte Fachgenossen in der früheren praktischen Tätigkeit und die im Maschinen-Laboratorium der Königlichen Technischen Hochschule zu Danzig tätigen Herren in dankenswerter Weise behilflich gewesen. Vor allem fühle ich mich Herrn Diplom-Ingenieur W. Borth für seine eifrige und sachkundige Mitarbeit zu lebhaftem Dank verpflichtet.

Danzig, im Mai 1906.

A. Wagener.

Inhalt.

	Seite
I. Über Indikatordiagramme im allgemeinen	1
II. Indikatoren für Kurbelweg- und Zeitdiagramme	8
Die Trommel	10
Das Markenschreibzeug	13
Der Stromsender für Ortsmarken	14
Der Stromsender für Zeitmarken	18
Vorgelege und Leitrollen	21
Der Motor für den Antrieb der Trommel	22
Vorrichtung zum Messen des Nacheilens des Markenschreibzeuges	31
III. Das Indizieren von Kurbelweg- und Zeitdiagrammen	34
Zeitdiagramme	34
Kurbelwegdiagramme	40
IV. Versuche zur Prüfung der Indizier-Einrichtungen	48
Das Verhalten der Schnurtriebe	48
Die Messung des linearen Nacheilens; das Verhalten des Stromsenders für Ortsmarken	53
Der Stromsender für Zeitmarken	58
Der Motor zum Antrieb der Trommel	63
V. Die Auswertung der Diagrammme	65
Untersuchung einer Verbrennungsmachine	66
Untersuchung einer Differentialpumpe	70
Untersuchung der Eigenschwingungen des Indikators	80
VI. Vollkommenere Indikatoren für wisenschaftliche Forschungen	104

I. Über Indikatordiagramme im allgemeinen.

Die bisher bevorzugte schwingende Bewegung der Indikatortrommel verläuft unter der Voraussetzung eines fehlerlos arbeitenden Antriebes in der Weise, daß die Wege, die ein beliebiger Punkt des Trommelmantels zurücklegt, den gleichzeitig vom Maschinenkolben zurückgelegten Wegen proportional sind, weshalb die bei dieser Trommelbewegung indizierten Diagramme als Kolbenwegdiagramme bezeichnet werden können. Ihre Genauigkeit erleidet eine mehr oder minder große Beeinträchtigung durch die Längenänderungen, denen die zum Antrieb dienende Schnur infolge der Veränderlichkeit der Zugkraft unterworfen ist. Die Summe der auf ein Diagramm entfallenden Schnurdehnungsfehler läßt sich ohne Schwierigkeit bestimmen, dagegen ist kein zuverlässiges Verfahren bekannt, nach dem ermittelt werden könnte, wie sich die einzelnen Fehlerbeträge auf die Längeneinheiten der atmosphärischen Linie verteilen. Aber auch dann, wenn von den Schnurdehnungsfehlern ganz abgesehen wird, erweisen sich die Kolbenwegdiagramme, soweit sie über die Vorgänge in der unmittelbaren Nähe der Totpunktlagen Aufschluß geben sollen, infolge der geringen Geschwindigkeit, mit der sich die Trommel dort bewegt, als schwer leserlich, so daß sie bei zahlreichen Untersuchungen gewisse sehr erwünschte Angaben nur in höchst unzulänglichem Maße oder gar nicht zu liefern vermögen.

In solchen Fällen hilft man sich vielfach dadurch, daß man verschobene Diagramme indiziert, die auch in jedem Falle für die qualitative Beurteilung der zu erforschenden Vorgänge vortreffliche Dienste leisten. Hinsichtlich der quantitativen Auswertung dagegen erweisen sie sich durchweg als weniger brauchbar. Ohne weiteres ist nämlich in ihnen die Bestimmung der Totpunktlagen des Maschinenkolbens nicht mit Sicherheit zu bewirken, da man hierzu von den Diagrammenden ausgehen muß und dabei wieder der Ungewißheit betreffs des Fehlerbetrages der Schnurdehnung begegnet. Dazu kommt als erschwerender Umstand, daß gerade zur Gewinnung verschobener Diagramme die Hubverminderer, die eine besonders starke Beschränkung der Schnurdehnungsfehler gestatten, nämlich die Hubminderungsrolle oder die Hubminderungsschwinge, nicht unmittelbar zu verwenden sind, da sie von einem der geradlinig hin- und hergehenden Teile des Maschinenkurbeltriebes betätigt, also dem Kolben gleichläufig bewegt werden. Oder aber es läßt sich bei Benutzung dieser Einrichtungen ihr besonderer, vorher erwähnter Vorzug nicht vollauf zur Geltung bringen. Man könnte beispielsweise bei einer Zwillingsmaschine, deren Kurbeln um 90° versetzt sind, die Trommel eines am rechten Zylinder angebauten Indikators durch eine vom Kreuzkopf des linken Zylinders betätigte Hubminderungsrolle antreiben und umgekehrt. Das ergäbe aber lange Schnurleitungen und große Schnurdehnungsfehler. Bei Verwendung eines besonderen Schubkurbeltriebes, der dem der Maschine gleichartig ist und ihm um einen bestimmten Winkel voreilt, lassen sich zuweilen dadurch kurze Schnurleitungen erzielen, daß man ihn an einer geeigneten Stelle der Steuerwelle anordnet. Dann ist aber auf den Einfluß der veränderlichen Drehmomente zu achten, die auf die Steuerwelle wirken und in besonderen Fällen die Genauigkeit des Antriebes wesentlich zu gefährden vermögen. Verschobene Diagramme würden jedenfalls an Wert gewinnen, wenn man den Indikator mit dem später zu beschreibenden elektromagnetischen Markenschreibzeug oder einer ähnlichen Einrichtung zur Einzeichnung von Orts- und Zeitmarken versähe, was sich ohne große Umständlichkeiten ermöglichen läßt.

Nach der vorher gegebenen Deutung der Bezeichnung „Kolbenwegdiagramme" sind unter „Kurbelwegdiagramme" sinngemäß solche Diagramme zu verstehen, die man erhält, wenn die von irgend einem Punkt des Trommelmantels zurückgelegten Wege den Wegen proportional sind, die gleichzeitig vom Zapfenmittel der Maschinenkurbel zurückgelegt werden. Auch hierfür ist also der Trommelantrieb so anzuordnen, daß er von der zu untersuchenden Maschine selbst bewirkt wird.

Ferner sind im folgenden als „Zeitdiagramme" solche Diagramme bezeichnet, bei deren Aufzeichnung sich die Indikatortrommel mit gleichbleibender Winkelgeschwindigkeit dreht, so daß also die Wege irgend eines Punktes des Trommelmantels den Zeiten proportional sind, in denen sie zurückgelegt werden. Hierfür ist im allgemeinen die Verwendung eines besonderen Motors zum Antrieb der Trommel vorzuziehen.

Die vorher genannten der Kürze halber benutzten Bezeichnungen mögen in verschiedener Hinsicht als nicht besonders glücklich gewählt erscheinen, so daß versucht werden sollte, sie durch bessere zu ersetzen.

Für die Erörterung dieser Frage kommt noch eine dritte Art der Trommelbewegung in Betracht. Wird nämlich der Indikator in wagerechter Lage angebaut, so kann man die Trommel auch dadurch drehen, daß man über ihre Schnurrille eine offene Schnur laufen läßt, an deren Enden verschieden große Gewichte wirken. Die Trommel wird dabei gleich der Schnurrolle einer Fallmaschine gleichmäßig beschleunigt, so daß die Wege irgend eines Punktes des Trommelmantels — vom Beginn der Bewegung an gerechnet — der zweiten Potenz der Zeiten proportional sind, in denen sie zurückgelegt werden. Für die bei solcher Trommelbewegung aufgezeichneten Diagramme schlägt S c h ü l e in einer beachtenswerten Abhandlung[1]) die Bezeichnung „Falldiagramme" vor.

Auch diese Bezeichnung bezieht sich also gleich den vorigen lediglich auf die Art der Trommelbewegung. Die mittels des Indikators aufgezeichneten Diagramme unterscheiden sich aber auch hinsichtlich der Bewegung des Schreibstiftes voneinander, je nachdem nämlich die Ordinaten darin Spannungen oder Wege, beispielsweise Ventilwege, darstellen. Bezeichnet nun allgemein hinsichtlich der Ordinaten p die indizierte Spannung, w den indizierten Weg, hinsichtlich der Abszissen h den Weg des Maschinenkolbens, s den Weg des Zapfenmittels der Maschinenkurbel und t die Zeit, so lassen sich nach bekanntem Vorgange die verschiedenen Diagramme mit je zwei dieser Buchstaben kurz und deutlich bezeichnen.

	Kolbenweg-diagramme	Kurbelweg-diagramme	Zeitdiagramme	Falldiagramme
Indizierte Spannung	ph-Diagramme	ps-Diagramme	pt-Diagramme	pt^2-Diagramme
Indizierter Weg	wh-Diagramme	ws-Diagramme	wt-Diagramme	wt^2-Diagramme

---

[1]) Zeitschr. d. Ver. d. Ing. 1904, S. 441 ff.

Setzt man gleichbleibende Winkelgeschwindigkeit der Maschinenkurbel voraus, und sieht man von dem Einfluß des Spieles in den Gelenken und der Formveränderungen der Getriebeteile ab, so stehen die vier Arten von Diagrammen, die hier hinsichtlich der Trommelbewegung unterschieden sind, in sehr einfachen Beziehungen zueinander. Ein indiziertes pt^2-Diagramm z. B. kann auf zeichnerischem Wege sehr leicht in ein pt-Diagramm umgewandelt werden, dieses kann ohne weiteres als ps-Diagramm gelten, und das letzte wie auch das pt-Diagramm unmittelbar läßt sich ebenso einfach in ein ph-Diagramm umzeichnen.

Sehr viel schwieriger indessen wird die Aufgabe, sobald man sich mit der auf den erwähnten Voraussetzungen beruhenden Annäherung nicht begnügen will. Die Ungleichförmigkeit der Kurbelbewegung ist im wesentlichen durch die Veränderlichkeit der auf den Kurbelzapfen wirkenden Tangentialkraft einerseits und durch das resultierende Trägheitsmoment der Kurbelwelle und der mit ihr verbundenen Schwungmasse anderseits bedingt und von der Ungleichförmigkeit des Schwungrades nach Maßgabe der Verdrehungen verschieden, die das zwischen Kurbel und Schwungrad liegende Stück der Welle erleidet. Es treten erzwungene Schwingungen auf, die je nach den besonderen, durch Bauart und Betriebsverhältnisse gegebenen Umständen durch innere und äußere Widerstände verschieden stark gedämpft sind. Die Beziehungen zwischen den Wegen des Zapfenmittels und den Zeiten, in denen sie zurückgelegt werden, sind darnach von so vielen und hinsichtlich ihres Zusammenwirkens kaum zu übersehenden Einflüssen abhängig, daß man nicht erwarten darf, sie durch ein rein rechnerisches Verfahren unbedingt sicher festzustellen, und deshalb wohl in der Regel auf eine derartige überdies sehr umständliche Ermittelung verzichten wird. Ähnlichen Schwierigkeiten wird man bei Anstrebung möglichst großer Genauigkeit auf dem Wege begegnen, der vom Kurbelwegdiagramm zum Kolbenwegdiagramm führt. Diese sind aber weit weniger bedenklich, wovon man sich leicht überzeugt, sobald man auf die den einzelnen Diagrammarten wesentlich zukommende Bedeutung eingeht.

Als besonders geeignet zeigt sich das Kolbenwegdiagramm für die Ermittlung der indizierten Leistung oder des indizierten Arbeitsverbrauchs, da es hierzu nur eine einfache Flächenausmessung erfordert. Sonst aber ist ihm das Kurbelwegdiagramm in bezug auf Klarheit und Übersichtlichkeit der Angaben durchaus überlegen. Man wird sich daher, falls man lediglich die Größe der geleisteten oder verbrauchten mechanischen Arbeit bestimmen will, kaum jemals veranlaßt sehen, etwas anderes als ein ph-Diagramm zu indizieren. Und dies um so mehr, als der Einfluß der Schnurdehnungsfehler auf die Größe des Arbeitswertes der Diagrammfläche in der Regel verschwindend ist. Bei Maschinenuntersuchungen mittels des Indikators handelt es sich aber keineswegs immer darum, nur Arbeitswerte zu bestimmen, und zuweilen ist es darauf überhaupt nicht abgesehen. Man wird es also, sofern man über die erforderlichen Untersuchungsmittel verfügt, in verhältnismäßig vielen Fällen als vorteilhafter erachten, Kurbelwegdiagramme zu indizieren. Um nun den Ordinatenwert des Kurbelwegdiagramms als Funktion des Maschinenkolbenweges zu sehen, bedarf es nicht notwendigerweise einer Umzeichnung, sondern hierzu tut man ebenso gut und nicht selten sogar besser daran, in das Kurbelwegdiagramm die nach Maßgabe des Flügelstangenverhältnisses von der Sinoide abweichende Kolbenweglinie einzutragen, d. h. also auf einer nicht zu überspringenden Zwischenstufe stehen zu bleiben, da man dann bereits alle Angaben in einem Diagramm vereinigt hat. Allerdings wird man die Umzeichnung vollkommen durchführen, wenn man den Arbeitswert des Diagramms mit Hilfe des Planimeters zu bestimmen wünscht. Nun begegnet man freilich gerade bei der Aufzeichnung der Kolbenweglinie den vorher erwähnten Schwierigkeiten. Soweit sie aber nur dazu dient, die Feststellung des Arbeitswertes des Diagramms zu vermitteln, kann man das Spiel in den Gelenken und die Formveränderung der Getriebeteile, ohne nennenswerte Fehler zu begehen, vernachlässigen. In der Tat haben diese Abweichungen für die Größe des Arbeitswertes keine andere Bedeutung als die Schnurdehnungsfehler im Kolbenwegdiagramm. Hat man also ein genaues Kurbelwegdiagramm indiziert, so liefert dies ebenso genau, wenn auch in einer weniger bequemen Form, die zur Ermittlung des Arbeitswertes erforderlichen Angaben wie das Kolbenwegdiagramm, während dieses über die Bewegungen des Schreibstiftes in den Totpunktlagen und in deren unmittelbarer Nähe keine hinreichende Auskunft gibt, sobald sein Linienzug mit den Totpunktordinaten teilweise zusammenfällt, was bekanntlich meistens zutrifft. Also ist es natürlich auch zwecklos, das Kolbenwegdiagramm in ein Kurbelwegdiagramm umzuzeichnen, soweit das Studium der in den Totpunktlagen sich abspielenden Vorgänge in Betracht kommt. Nun ist, wie aus dem Folgenden hervorgehen wird, die Gewinnung eines genauen Kurbelwegdiagramms erheblich schwieriger als die eines genauen Zeitdiagramms. Es kann daher bei Anstrebung großer Genauigkeit ein Vorgehen der Art in Betracht kommen, daß man die zu untersuchenden Vorgänge in einem Zeitdiagramm und gleichzeitig die Kolbenweglinie in einem zweiten Zeitdiagramm indiziert. Diagramme dieser Art sind im folgenden besprochen.

Mit dem vorher Gesagten ist im großen und ganzen gekennzeichnet, für welche Untersuchungen die Kurbelweg- und Zeitdiagramme sich besonders brauchbar zeigen. Das Kurbelwegdiagramm verdient im allgemeinen dann den Vorzug, wenn möglichst genau und in allen Einzelheiten die Folge solcher über ein Arbeitsspiel sich erstreckenden Vorgänge untersucht werden soll, die mit der Bewegung des Maschinenkolbens in ursächlichem Zusammenhang stehen, so daß dessen Beachtung für ihre Aufklärung von Belang ist. Dagegen bietet das Zeitdiagramm meistens überall da größere Vorteile, wo irgendwelchen Erscheinungen nachgegangen werden soll, die nur lose oder gar nicht mit der Kolbenbewegung zusammenhängen, so daß man sie vor allem hinsichtlich ihres zeitlichen Fortschreitens zu verfolgen wünscht. Eine durchaus scharfe Grenze läßt sich indessen nicht ziehen; man wird sich vielmehr in jedem besonderen Falle je nach der Natur der vorliegenden Aufgabe über den Antrieb der Indikatortrommel entscheiden müssen.

Ferner geht aus den vorher angestellten Erwägungen auch in allgemeinen Zügen hervor, welche Anforderungen etwa an Indiziereinrichtungen der hier zu behandelnden Art zu stellen sind, welchen leitenden Gedanken also ihre bauliche Ausgestaltung zu folgen hat.

a) Zunächst erscheint es wichtig, ein geeignetes Mittel vorzusehen, um in den Kurbelwegdiagrammen bestimmte Kurbelstellungen sicher zu kennzeichnen, so daß also Ortsmarken erhalten werden, von denen bei der Auswertung der Diagramme ausgegangen werden kann. Auch in den Zeitdiagrammen sind derartige Marken von bedeutendem Vorteil, da sie zuverlässige Feststellungen hinsichtlich des zeitlichen Zusammentreffens der indizierten Vorgänge mit anderen Vorgängen bemerkenswerter Art ermöglichen. Durch solche Kennzeichen können also auch mehrere gleichzeitig indizierte Zeitdiagramme richtig in Beziehung zueinander gebracht werden.

b) Die Winkelgeschwindigkeit der Trommel während des Indizierens von Zeitdiagrammen muß sicher festgestellt werden können.

c) Offenbar ist es auch erwünscht, die Winkelgeschwindigkeit der Trommel innerhalb weiter Grenzen auf eine beliebige Größe einstellen zu können. Dies verleiht den Einrichtungen eine größere Vielseitigkeit in der Anwendung. In gewissen Fällen sind die Diagramme besser auszuwerten, wenn sie auf einer mit großer Winkelgeschwindigkeit umlaufenden Trommel indiziert worden sind. In anderen Fällen wieder ist eine besonders geringe Winkelgeschwindigkeit der Trommel von Vorteil, z. B. dann, wenn man während einer größeren Anzahl von Arbeitsspielen indizieren will, um ein Bild von der Regelmäßigkeit der Erscheinungsfolge zu gewinnen, und die Diagramme im einzelnen noch deutlich lesbar, aber der guten Übersicht halber möglichst aneinander gedrängt zu erhalten wünscht.

d) Von allen Einrichtungen ist ebenso wie von dem Indikator selbst eine gute Betriebsbereitschaft zu fordern. Ungewöhnliche Vorgänge, die man verfolgen will, und die in unregelmäßigen Zeitabschnitten wiederkehren, z. B. Einströmungsverbrennungen und Frühzündungen bei Verbrennungsmaschinen und ihre Folgeerscheinungen, Unregelmäßigkeiten des Ganges von Kraft- oder Arbeitsmaschinen, die etwa durch zeitweilige Störungen im Spiel der Ventile verursacht werden, u. a. m., muß man bei offenem Indikatorhahn erwarten und bei ihrem Auftreten augenblicklich im Diagramm fassen können. Deshalb sind alle Einzelheiten so durchzubilden, daß sie ohne Einbuße an Zuverlässigkeit und Genauigkeit der Arbeitsweise längere Zeit hindurch unausgesetzt in Tätigkeit sein können.

e) Endlich ist aus allgemeinen praktischen Gründen dahin zu streben, daß man Geräte von handlicher, gedrungener Form erhält, die übersichtlich und einfach in der Behandlung sind, mit angemessener Sorgfalt auch bei ausgiebiger Benutzung sich lange in gutem Zustande erhalten lassen und keine zu hohen Anschaffungskosten verursachen.

II. Indikatoren für Kurbelweg- und Zeitdiagramme.

Bei der konstruktiven Bearbeitung der gestellten Aufgabe erweist es sich als recht schwierig, die Erfüllung der im vorigen Abschnitt unter a bis e genannten Forderungen gleichmäßig gut zu erreichen. Der Verfasser hat eine Lösung versucht, die sicherlich noch in mancher Beziehung zu wünschen übrig läßt, sich aber bereits als brauchbar bewährt hat und bis zur Beschaffung besserer Mittel bei zahlreichen Untersuchungen gute Dienste zu leisten vermag.

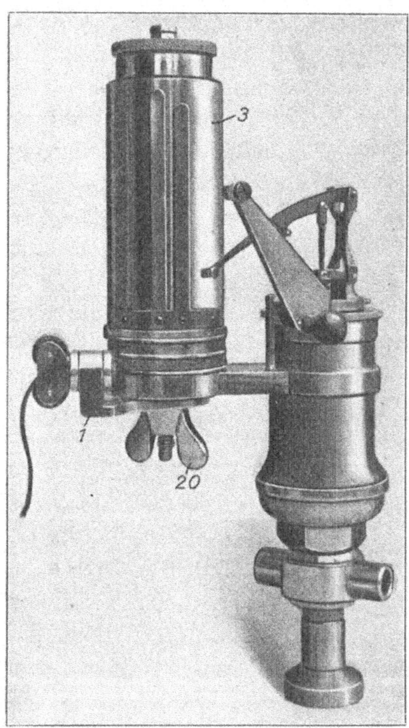

Fig. 1.

Nachdem ein Indikator der im folgenden zu beschreibenden Art schon früher bei technischen Untersuchungen erprobt worden war, wurden im Herbst 1904 zwei dieser Instrumente von der Firma Dreyer, Rosenkranz & Droop in Hannover für das Maschinenlaboratorium der Königlichen Technischen Hochschule zu Danzig geliefert.

Einige Nebeneinrichtungen dazu sind in der mechanischen Werkstatt des Laboratoriums ausgeführt worden. Außerdem hat die Firma Schäffer & Budenberg in Magdeburg zu zwei Ventilerhebungsindikatoren, die für das Maschinenlaboratorium von ihr bezogen worden waren, größere Trommeln nachgeliefert, wie sie zur Aufzeichnung von Kurbelweg- und Zeitdiagrammen benutzt werden. Zum Teil sind diese Einrichtungen schon seit dem Herbst 1904 bei den planmäßigen Laboratoriumsübungen in dauerndem Gebrauch gewesen.

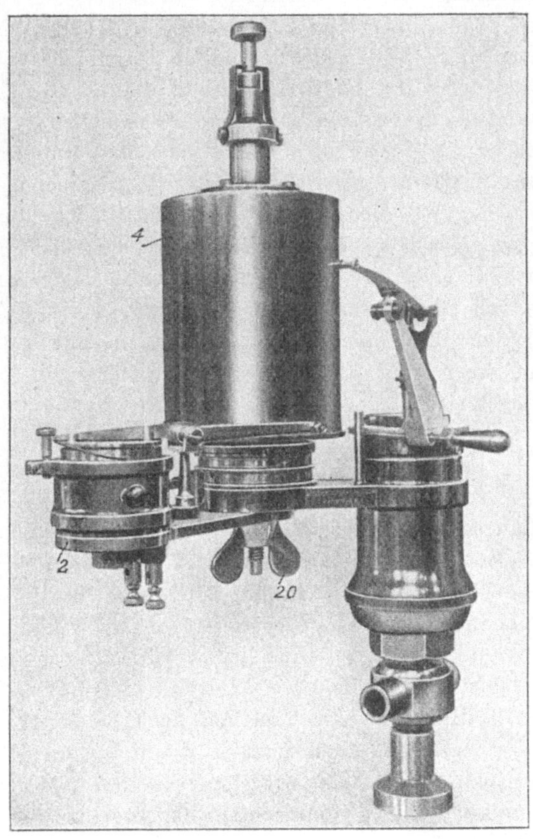

Fig. 2.

Die beiden zuerst genannten Indikatoren haben je drei Zylinderbohrungen mit Durchmessern von 40, 20 und 10 mm. Mit drei Federn, bei denen sich — auf den großen Kolben bezogen — 100, 50 und 8 mm Schreibstiftweg für 1 kg/qcm ergeben, läßt sich schon ein zwischen ziemlich weiten Grenzen liegendes Spannungsgebiet einigermaßen beherrschen. Im übrigen ist dieser Indikator, wie aus der Abbildung Fig. 1 hervorgeht, von bekannter Bauart und kann in dieser Form zur Aufzeichnung von Kolbenwegdiagrammen verwendet werden. In Fig. 2 ist derselbe Indikator nach Umwandlung für die Entnahme von Kurbelweg- oder Zeitdiagrammen abgebildet. Hier ist an Stelle des Leitrollenhalters 1 das elektromagnetische Markenschreibzeug 2 angeschraubt, das zur Einzeichnung der Orts- oder Zeitmarken dient. Die Trommel 3 ist abgenommen, die schraubenförmige Trommelfeder sowie die Schneckenfeder in der Trommelnabe und die Hubbegrenzungsschraube sind entfernt. Der die Schnurrillen tragende Teil der Nabe, der sich gegen diese nach Herausnahme der Schneckenfeder um etwas weniger als einen Umlauf verdrehen läßt, wird am besten mittels einer kleinen Druckschraube festgestellt. Die Trommel 4 von 80 mm Durchmesser ist lose über die Trommelnabe geschoben und kann mit dieser durch eine geschlossene Schnur, die über eine der beiden Rillen läuft, in beständige Drehung versetzt werden.

Die Trommel.

Der Längsschnitt Fig. 3 zeigt noch folgende Einzelheiten. Am oberen Ende der Trommelachse ist eine Kopfschraube mit Kegelspitze eingeschraubt, auf die sich eine in der Hülse 4 gehende Spindel 5 stützt. Diese endigt oben in einen Knopf 6 und ist mit einem Bund 7 und zwei seitlich eingeschnittenen Kerben 8 versehen, in die zwei Blattfedern 9 fassen. In der gezeichneten Stellung hat die Trommel noch nicht ihren tiefsten Stand auf der Nabe, ist aber dennoch mit ihr gegen Verdrehung gesichert verbunden, da die Mitnehmerschraube 10 bereits tief genug in die an der Bodenausdrehung angebrachte Nut eingreift. Erfaßt man nun während der Drehung der Trommel den Knopf 6, so werden die Blattfedern 9 aus den Kerben verdrängt, und man kann jetzt mit leichtem Druck die Trommel noch um 2 mm in der Richtung der Achse verschieben, wonach sie ihren tiefsten Stand auf der Nabe einnimmt. Diese Vorrichtung ermöglicht es, mittels des Markenschreibzeuges zwei Markenreihen, etwa Orts- und Zeitmarken, nacheinander aufzuzeichnen, ohne daß diese einander verwirren.

Mittels des Knopfes 6 und der Hülse 4 läßt sich die Trommel auch beim Aufstecken und Abnehmen bequem handhaben. Die Diagrammblätter, deren Länge um etwa 10 mm größer ist als der Trommelumfang, werden in der Weise aufgespannt, daß man ihre Enden zusammenklebt. Man benutzt dazu vorteilhaft den in Tuben käuflichen stärkeartigen Klebstoff, mit dem man unmittelbar aus der Tube einen etwa 5 mm breiten Streifen einer Breitseite des Blattes bestreicht. Dann stellt man die Trommel vor sich hin, legt das Blatt mit beiden Enden glatt um ihren Mantel und drückt die sich überdeckenden Blattenden zusammen. Die Überdeckung ist ersichtlich je nach dem Drehsinne der Trommel so zu legen, daß die vorstehende Blattkante nicht gegen die Schreibstifte stößt, sondern unter ihnen weggleitet. Das Aufspannen in dieser Weise mag etwas urwüchsig und unbeholfen erscheinen, läßt sich jedoch nach kurzer Übung sehr schnell und sicher bewerkstelligen. Nach dem Indizieren nimmt man die Trommel ab, umfaßt das Blatt mit glatt anliegender Handfläche, schiebt es aufwärts von der Trommel und durchschneidet es an passender Stelle.

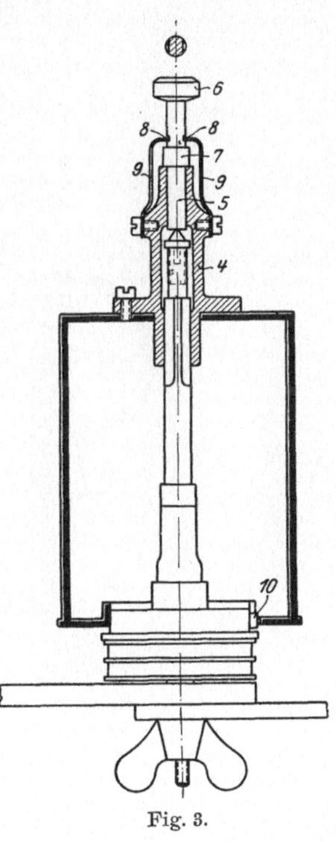

Fig. 3.

Für gewisse Untersuchungen dürfte es zweckmäßig sein, statt dieser Trommel einen Walzensatz zur Fortbewegung eines langen offenen Papierstreifens zu benutzen. Für eine solche Einrichtung, die keinen wesentlich größeren Raum einnimmt als die Trommel und sich ebenso wie diese mit der Trommelnabe leicht verbinden läßt, sind konstruktive Entwürfe aufgezeichnet worden. Von der Ausführung wurde jedoch noch abgesehen, da ein dringendes Bedürfnis darnach bisher nicht empfunden worden ist. Überdies ist zu bemerken, daß immer weit eher die Trommel am Platze ist, wenn es darauf ankommt, die im vorigen Abschnitt unter d genannte Forderung zu erfüllen.

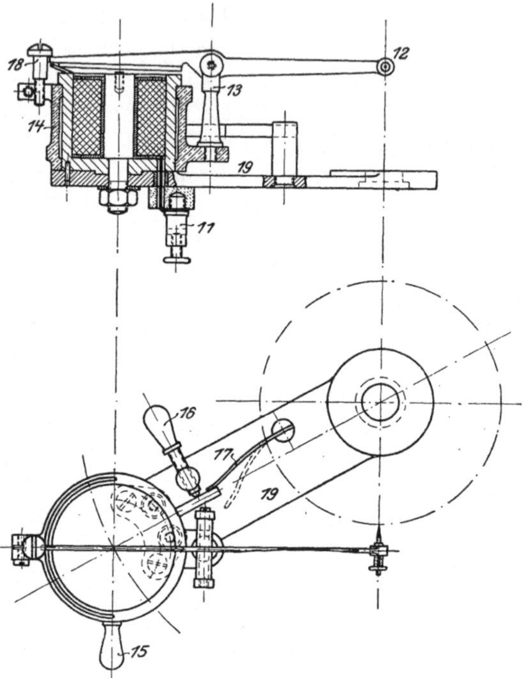

Fig. 4.

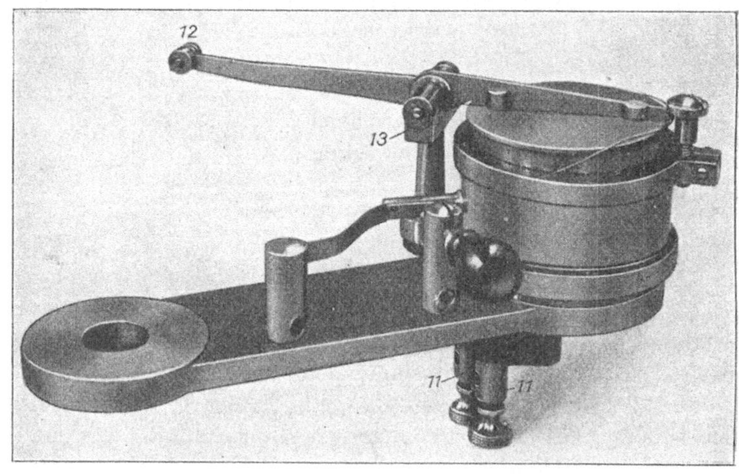

Fig. 5.

Das Markenschreibzeug.

In Fig. 4 ist das Markenschreibzeug im Schnitt und Grundriß dargestellt, und Fig. 5 zeigt eine photographische Abbildung davon. Es besteht aus einem Glockenmagneten, dessen Wicklung — seidenumsponnener Kupferdraht von 0,55 mm Stärke — mit den Klemmen 11 verbunden ist, und einem als doppelarmige Schwinge ausgebildeten Anker, der am Ende des längeren Armes den Schreibstift 12 trägt. Die Achse der Schwinge ruht in einer Gabel 13, die an einem um den Magneten drehbaren Ring 14 sitzt. Der Schreibstift kann also mittels des Knopfes 15 an das Papierblatt gedrückt werden, wobei die Stärke des Andrückens sich durch die Stellschraube 16 regeln läßt. Eine Blattfeder 17 hält den Schreibstift dem Papierblatt fern, wenn das Markenschreibzeug außer Tätigkeit ist. Eine zum Halbkreis gebogene Feder aus Stahldraht drückt den Anker gegen den Kopf einer Stellschraube 18, die zur Einregelung des Schreibstiftausschlages dient. Der Glockenmagnet sitzt auf einem stegförmigen Halter 19, der genau so wie der Leitrollenhalter, an dessen Stelle das Markenschreibzeug tritt, mit einer versenkten Stufenmutter auf der unteren Verlängerung der Trommelachse angeschraubt wird. Ist die Stufenmutter fest angezogen, so kann das Markenschreibzeug noch um die Trommelachse schwingen, so daß sich die Spitze seines Schreibstiftes innerhalb weiter Grenzen auf einen beliebigen Punkt des Trommelumfanges einstellen läßt. Die Feststellung wird dann ebenso wie beim Leitrollenhalter mittels der Flügelmutter 20, Fig. 2, bewirkt. Im allgemeinen empfiehlt es sich, das Markenschreibzeug so einzustellen, daß sein Schreibstift mit dem des Indikatorschreibzeuges auf eine gemeinsame Ordinate einspielt. Eine solche reißt man mit Hilfe des in Fig. 6 dargestellten

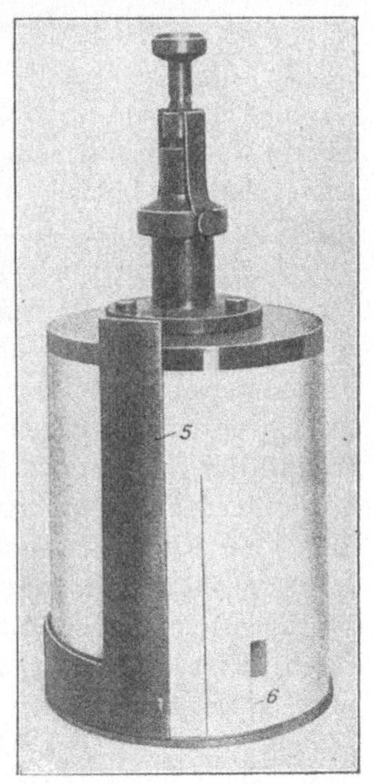

Fig. 6.

Trommelwinkels an, dessen kürzerer Schenkel nach dem Trommelmantel gebogen ist und seine Anschlagfläche an dem etwas vor-
stehenden Bodenrand findet.

Wie schon erwähnt wurde, dient das Markenschreibzeug dazu,
Orts- und Zeitmarken in das Diagramm einzutragen. Seine Betätigung erfolgt durch Stromstöße, die von je einem Stromsender
für Orts- und Zeitmarken in die Spule seines Magneten geschickt
werden.

Der Stromsender für Ortsmarken.

In den meisten Fällen werden die Ortsmarken bestimmte
Kurbel- oder Kolbenstellungen anzuzeigen haben, etwa die Totpunkte des Kurbeltriebes oder einen von diesen. Geeignete Stromsender hierfür können in mannigfaltiger Weise und fast immer
mit recht einfachen Mitteln hergestellt werden. In Fig. 7 ist der
Aufriß und der Grundriß eines solchen Stromsenders dargestellt,
der infolge des Bestrebens, ihm eine allgemeinere Verwendbarkeit
und die Möglichkeit bequemer Anbringung zu sichern, etwas verwickelter, als schlechthin erforderlich, ausgefallen ist. Er besteht
aus einem auf der Steuerwelle zu befestigenden Ring 1 und der
Schleiffeder 2, deren Kopfstück 3 mit nockenförmigen, auf dem
Ring sitzenden Leitungsstücken 4 in stromschließende Berührung
tritt. Der Ring ist zweiteilig und mit einem Gelenk versehen, so
daß er geöffnet und daher ohne weiteres auch an solchen Stellen
der Steuerwelle aufgesetzt werden kann, die zwischen zwei Lagern
liegen. Hiernach wird er zusammengeklappt und durch Einschlagen
eines Stiftes geschlossen. Die Befestigung in annähernd richtiger
Lage wird durch die Schrauben 5 bewirkt, von denen eine mit
einer gehärteten Kegelspitze versehen ist, die beim Anziehen um
ein geringes in die Steuerwelle eindringt. So läßt sich den geringen
Kräften gegenüber, die den Ring zu verdrehen suchen, eine vollkommen sichere Anbringung erzielen, ohne daß es erforderlich
wäre, die Steuerwelle vorher anzukörnen. Die genaue Einstellung
auf Stromschluß bei der zu kennzeichnenden Kurbelstellung ist
dadurch ermöglicht, daß die Leitungsstücke 4 auf dem Ringe 1
um eine gewisse Strecke peripherisch verschoben und dann in der
richtigen Lage durch Anziehen der Schrauben 6 befestigt werden
können. Zu diesem Zweck sind die Leitungsstücke aus je zwei
Ringsektoren und einem dazwischen liegenden Stabilitblock zu-

sammengesetzt, der ebenso stark wie der Ring 1, aber von geringerer Höhe als die messingenen Ringsektoren ist, so daß ein U-förmiger Querschnitt entsteht, und der Ring in den Hohlraum der Leitungsstücke genau hineinpaßt; beim Anziehen der Schrauben 6 federn die Ringsektoren einwärts, wodurch die Leitungsstücke festgeklemmt werden. Je einer der Ringsektoren hat einen nockenförmigen Vorsprung, der über das aus Stabilit bestehende Isolier-

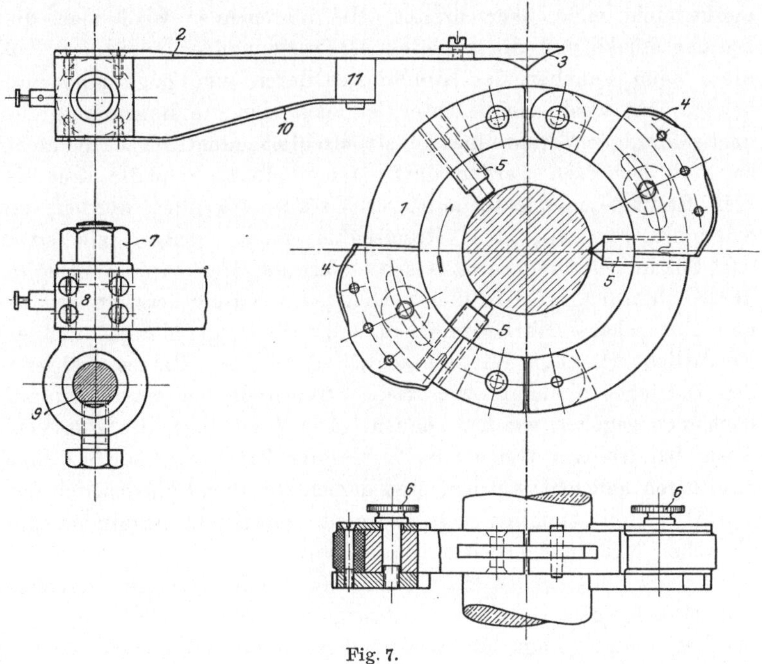

Fig. 7.

stück etwas hinausragt und mit dem Kopfstück der Schleiffeder 2 in Berührung tritt, nachdem dieses durch das Isolierstück etwas angehoben und die Schleiffeder dadurch soweit gespannt worden ist, daß die stromschließende Berührung unter genügendem Druck erfolgt. Dabei wird immer nur der mittlere, durch zwei eingefräste Kerben abgetrennte Teil des Kopfstückes 3 von dem Isolierstück getroffen, so daß die stromleitenden Flächen vor Verschmutzung dauernd zuverlässig geschützt sind. Je nach dem Drehsinne der Steuerwelle oder der Lage der Schleiffeder können die Leitungsstücke beliebig so befestigt werden, daß der leitende Ringsektor an der einen oder der anderen Stirnfläche des Ringes 1 anliegt, was bei der Anbringung des Stromsenders Beachtung verdient. Denn das Kopfstück ist zwar mit zwei gleichen Anlaufflächen versehen, doch dient die äußere davon mehr dazu, Beschädigungen zu verhüten, wenn die Maschine beim Auslaufen ihre Drehrichtung wechselt, was beispielsweise bei Verbrennungsmaschinen kurz vor dem Stillstand geschieht, wenn der Kolben den Verdichtungstotpunkt nicht mehr überschreitet. Im allgemeinen wird man die Leitungsstücke und die Schleiffeder so zueinander anordnen, daß diese beim Anheben des Kopfstückes durch eine Zugkomponente beansprucht wird. Zu beachten ist auch, daß die Bogenlänge des nockenförmigen Vorsprunges am stromschließenden Ringsektor nicht zu kurz bemessen werden darf. Wenn als Stromquelle drei bis vier Braunsteinelemente mittlerer Größe verwendet werden, so empfiehlt es sich, den Stromschluß nicht weniger als etwa 0,04 Sekunden andauern zu lassen, sofern das Markenschreibzeug in der Ausführung, wie sie hier vorliegt, zuverlässig betätigt werden und eine scharfe Marke zeichnen soll. Es folgt hieraus, daß es wesentlich von der Winkelgeschwindigkeit des Ringes während des Betriebes abhängt, wie viele Stromstöße bei einem Umlauf höchstens gegeben werden können. Die Vorschläge, die vom Verfasser bei früherer Gelegenheit[1]) vor der Erprobung solcher Einrichtungen gemacht wurden, sind dementsprechend hinsichtlich der Ausführbarkeit ziemlich enge begrenzt, sofern mit verhältnismäßig einfachen Mitteln gearbeitet werden soll.

Die Schleiffeder ist mittels eines durchbohrten Vierkantstückes isoliert auf einem Drehbolzen befestigt und kann nach Einstellung in die richtige Lage durch Anziehen einer Schraubenmutter 7 festgeklemmt werden. Außerdem ist die Höhenlage dadurch veränderlich gemacht, daß der mit dem Drehbolzen 8 verbundene durchbohrte Knopf auf der Haltestange 9 verschoben und durch eine Kopfschraube festgeklemmt werden kann. Die Haltestange wird an passender Stelle des Maschinenrahmens oder auf einem mit diesem zu verbindenden kräftigen U-Eisen festgeschraubt. Die Schleiffeder ist noch mit einer Gegenfeder 10 und einem Gummipuffer 11 verbunden, wodurch etwaige, durch das Abgleiten

---

[1]) Zeitschr. d. Ver. d. Ing. 1903, **5**, 348 ff.

von den Leitungsstücken erregte Schwingungen, die sich beim nächsten Anheben als störend erweisen könnten, sofort abgedämpft werden. Fig. 8 zeigt noch photographische Abbildungen des geschlossenen und auseinandergeklappten Ringes.

Wie ersichtlich, steht der leitende Ringsektor mit dem Ring und durch diesen mit der Steuerwelle in Verbindung; darnach wird der Maschinenkörper als Rückleitung für den Stromkreis benutzt.

Fig. 8a.

Fig. 8b.

Ein anderer, einfach auszuführender Stromsender für Ortsmarken ist in Fig. 9 dargestellt. Hierbei bewirkt die durchgeführte Kolbenstange den Stromschluß, und zwar in einem Augenblick, wo der Kolben von dem Totpunkt um eine bekannte Strecke entfernt ist. Die Einstellung kann während des Betriebes folgendermaßen bewerkstelligt werden. Die Stellschraube 1 wird zunächst so weit vorgedreht, daß der Leitungsstift 2 von der Stirnfläche der Kolbenstange 3 getroffen und um eine Strecke von wenigen Millimetern in das Innere des Schraubenschaftes gedrückt wird. Dann dreht man die Stellschraube langsam so viel zurück, bis ein Zurückweichen des Leitungsstiftes gerade nicht mehr zu bemerken ist. Dieser Augenblick, wo die Kolbenstange den Leitungsstift eben noch berührt, läßt sich leicht feststellen, wenn man durch eine vorgehaltene Blende, etwa ein Blech o. a., die Kolbenstange dem Blick entzieht, um durch ihre Bewegung nicht beirrt zu werden, und nur den Leitungsstift an der Stelle beobachtet, wo er aus dem Schraubenschaft heraustritt. Bei der so erreichten Einstellung würde die Dauer des Stromschlusses für eine zuverlässige Betätigung des Markenschreibzeuges zu kurz sein. Man dreht deshalb die Stellschraube nunmehr um eine solche Strecke

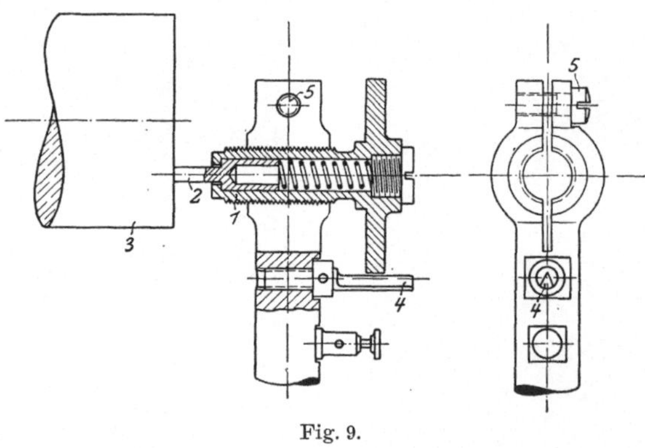

Fig. 9.

vor, daß der Anker bei jedem Stromschluß kräftig angezogen wird, und bestimmt nach der bekannten Steigung des Gewindes diese Strecke mittels des Zeigers 4 und der auf der Vorderfläche der Stellschraubenscheibe angebrachten Winkelteilung. Schließlich wird die Stellschraube durch Anziehen der Kopfschraube 5 festgeklemmt. Statt der durchgehenden Kolbenstange kann auch ein mit dem Kreuzkopf verbundenes Stück, etwa ein kräftiges Rund- oder Flacheisen, für die Herstellung des Stromschlusses benutzt werden.

Der Stromsender für Zeitmarken.

Mit möglichst geringem Aufwand kann man als Stromsender für Zeitmarken ein schnell und billig herzustellendes Sekundenpendel verwenden, das alle ganze oder halbe Sekunden einen Stromschluß herbeiführt. Indiziert man aber mit größerer Um-

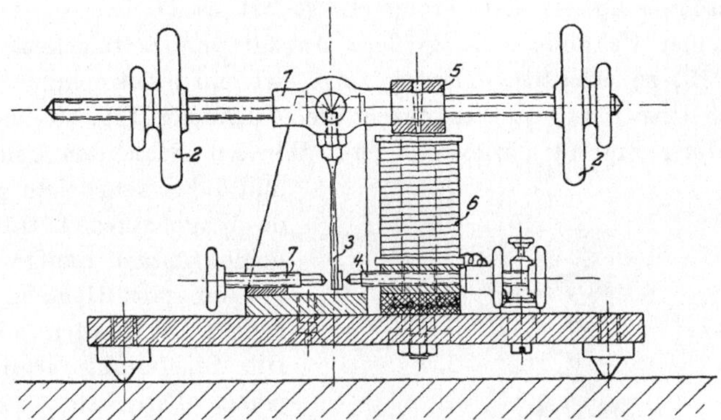

Fig. 10 a.

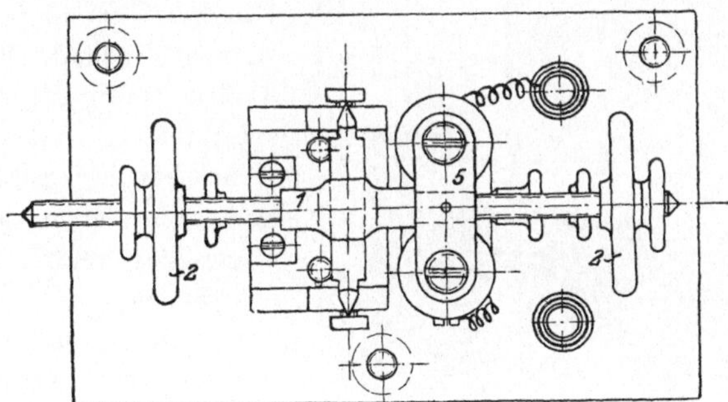

Fig. 10 b.

Fig. 11.

2*

laufgeschwindigkeit der Trommel, so ist es erwünscht, für die Zeit einer Sekunde eine größere Anzahl von Zeitmarken, etwa 5 bis 15, zu erhalten. Hierfür zeigt sich ein elektromagnetisches Pendel brauchbar, wie es durch die Zeichnung Fig. 10 und die Abbildung Fig. 11 dargestellt ist. Der auf Schneiden gelagerte und daher sehr leicht gehende Wagebalken 1 trägt an beiden Armen Laufgewichte 2, die mit Gegenmuttern festgestellt werden können. Die Einstellung erfolgt in jedem Falle so, daß an dem in der Zeichnung links liegenden Arm ein geringes Übergewicht herrscht, die stromschließende Blattfeder 3 also die Spitze der Stellschraube 4 mit leichtem Druck berührt. Schließt man nun den Stromkreis mit eingeschaltetem Markenschreibzeug in der Weise, wie dies im folgenden durch ein Schema angegeben ist, so wird der Anker 5 von dem Elektromagneten 6 angezogen, und der Wagebalken 1 schwingt nach rechts. Dabei öffnet die Blattfeder 3 den Stromkreis und trifft die Spitze der Stellschraube 7, wobei sie durchgebogen wird und eine rückwärtige Bewegung des Wagebalkens einleitet. Auf diese Weise gerät das Pendel in regelmäßige Schwingungen, deren Anzahl sich mit Hilfe der Laufgewichte 2 und der Stellschrauben 4 und 7 in ziemlich weiten Grenzen beliebig einregeln läßt. Dabei wird zur Ermittelung der Schwingungsperiode ein kleines Schaltwerk benutzt, das aus einem Steigrad und zwei Klinken, einer Schalt- und einer

Fig. 12.

Sperrklinke, besteht. Ein solches Schaltwerk kann unmittelbar mit dem Markenschreibzeug verbunden werden, wie Fig. 12 zeigt. Hier kann es jedoch, wie die Benutzung der Einrichtung lehrte, sehr leicht in Unordnung geraten, weshalb es empfehlenswerter ist, das Schaltwerk mit einem besonderen Elektromagneten zu versehen und dessen Wicklung in den Stromkreis einzuschalten. Eine derartige Anordnung ist in Fig. 13 dargestellt. Während das Steig-

Fig. 13.

rad bei jedem Stromschluß um einen Zahn vorgeschoben wird, gestattet ein damit verbundener Zeiger eine beliebige Anzahl von Umläufen unter gleichzeitiger Beobachtung des Chronoskops abzuzählen. Ist a die Anzahl der ganzen Umläufe, die das Steigrad in t Sekunden vollführt hat, und z die Zähnezahl, so beträgt die

Periode der Pendelschwingungen $t_s = \dfrac{t}{a \cdot z}$.

Vorgelege und Leitrollen.

In besonderem Maße empfiehlt sich beim Indizieren von Kurbelweg-Diagrammen die Benutzung von Schnurvorgelegen, etwa der Art, wie in Fig. 14 gezeichnet. Dazu gehört je ein Satz Schnurrollen von passend abgestuften Durchmessern, deren je zwei, 1 und 2, beliebig zusammengestellt werden können. Die Rollenachse 3 ist mit dem Schaft durch ein Gelenk verbunden und kann durch Anziehen der Schraubenmutter 4 festgestellt werden. Da sich außerdem der Schaft, der auf einem mit der Maschine zu verbindenden Flacheisen angeschraubt wird, bei gelöster Schraubenmutter drehen läßt, so können die Schnurrollen leicht in eine beliebige Ebene eingestellt werden. Die Flanken der Rillen sind so breit gehalten, daß die Schnüre auch bei Halbkreuztrieb sicher geführt werden.

In den Fällen, wo die Anordnung eines Winkeltriebes erforderlich oder erwünscht ist, kann durch Aufstecken zweier Rollen von gleichem Durchmesser auch ohne weiteres ein Leitrollensatz hergerichtet werden, wie Fig. 15 zeigt. Dabei können für Indikatoren verschiedener Größe zwischen beide Leitrollen Paßstücke 6 von solcher Länge eingelegt werden, daß der Abstand der Rillenmitten der Leitrollen gleich dem um die Schnurstärke vermehrten Durchmesser der Rille auf der Trommelnabe wird.

Geschlossene Schnüre läßt man entweder in verschiedenen Längen beim Seiler herstellen, oder man fertigt sie selbst aus Indikatorschnur an, indem man passend geschnittene Stücke an den Enden verspleißt und mit Zwirn vernäht.

Fig. 14 u. 15.

Der Motor für den Antrieb der Trommel.

Der Motor hat die Aufgabe, durch Schnurtriebe und vermittelst eines Vorgeleges die Indikatortrommel möglichst gleichförmig zu drehen. Unter der Voraussetzung, daß alle Teile des Satzes genau ausgeführt sind und sachgemäß benutzt werden, kann während der Zeit, wo nicht indiziert wird, das der

Drehung des Motors entgegenwirkende resultierende Widerstandsmoment für irgend eine bestimmte Winkelgeschwindigkeit innerhalb der in Betracht kommenden Grenzen als gleichbleibend gelten. Während des Indizierens erfährt dieses Widerstandsmoment durch die Schreibstiftreibung einen Zuwachs, der aber verhältnismäßig klein ist. Deshalb liegt der Gedanke nahe, einen Elektromotor von passender Leistung zu verwenden, um damit ein auf leicht laufender Welle sitzendes Schwungrad von verhältnismäßig großem Trägheitsmoment und weiterhin von einer auf der Welle befestigten Schnurscheibe aus das Vorgelege und die Indikatortrommel anzutreiben.

Es waren indessen Erfahrungen bekannt, die mit einer zu anderem Zwecke erbauten Einrichtung ähnlicher Art gemacht worden waren und hinsichtlich der erzielten Annäherung an die Gleichförmigkeit der Drehung nicht sehr befriedigt hatten. Beim Entwurf der hier zu beschreibenden Einrichtung wurde deshalb eine starre Verbindung der Motor- und Schwungradwelle vermieden und auf Grund folgender Erwägungen eine Anordnung der Art gewählt, daß die vom Motor abgegebene Energie mittels eines Reibungsmomentes von veränderlicher Größe auf das Schwungrad übertragen wird.

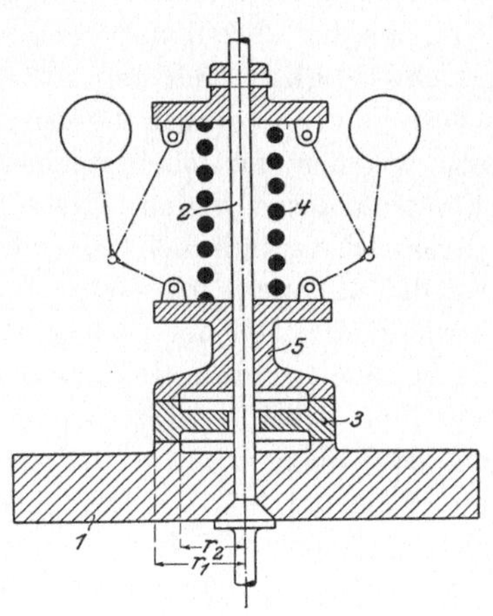

Fig. 16.

In Fig. 16 sei 1 das mit der Welle 2 fest verbundene Schwungrad und 3 eine Scheibe, die mit einer wesentlich durch die Spannung der Feder 4 gegebenen Kraft P von der Reglerhülse 5 gegen das Schwungrad gedrückt wird; ihr Gewicht möge vernachlässigt werden. Dann wirkt diese Scheibe, wenn sie gedreht wird und zwischen der Reglerhülse und dem Schwungrad gleitet durch diese auf die Welle mit einem Reibungsmoment

$$M_r = 2\,f\,P\,\varrho, \text{ worin } \varrho = \frac{r_1 + r_2}{2}$$ und f der Reibungskoeffizient der

gleitenden Reibung, der für beide Reibungsflächen als gleich groß und zunächst auch als unveränderlich angenommen werde. Die der Drehung des ganzen Satzes entgegenwirkenden Widerstandsmomente kann man sich ersetzt denken durch ein an der Schwungradwelle tätiges resultierendes Widerstandsmoment M_w, das u. a. eine Funktion der Winkelgeschwindigkeit ist. Solange $M_w < M_r$, findet Beschleunigung der Schwungradwelle statt, und M_w wird größer, gleichzeitig aber wird auch M_r kleiner, und zwar in dem Maße, wie die auf die Reglerhülse wirkenden Fliehkraft-Komponenten wachsen und P abnimmt. Ferner werde angenommen, daß die Scheibe 3 durch einen Elektromotor mit periodisch veränderlicher Winkelgeschwindigkeit gedreht werde, und zwar so, daß die Periode der Geschwindigkeitsänderung gleich der Zeit eines Umlaufs der Elektromotorwelle ist, während deren mittlere Winkelgeschwindigkeit sich nur allmählich um geringe Beträge ändert. Diese Voraussetzungen dürften praktisch insofern ungefähr zutreffen, als bei den für eine solche Einrichtung fertig zu beziehenden Elektromotoren kleiner Leistung das Drehmoment im allgemeinen periodisch veränderlich sein wird und auch wohl damit zu rechnen ist, daß die Spannung der zur Speisung des Elektromotors dienenden Stromquelle sich um geringe Beträge allmählich ändert. Die Verhältnisse mögen so gewählt sein, daß die mittlere Winkelgeschwindigkeit der Scheibe 3 um einen bestimmten Betrag ω_m größer ist als die Winkelgeschwindigkeit α der Schwungradwelle, bei der die Momente M_w und M_r einander gleich werden, so daß dann also die mittlere Winkelgeschwindigkeit der Scheibe $\alpha + \omega_m$ und die mittlere Winkelgeschwindigkeit des Gleitens ω_m ist. Unter diesen Voraussetzungen werden die Momente M_w und M_r und die Winkelgeschwindigkeit der Schwungradwelle unveränderlich werden, sobald diese bis auf α gestiegen ist. Wird jetzt indiziert, so wächst M_w um eine durch die Schreibstiftreibung uud den Trommeldurchmesser bedingte Größe. Diese ist aber so geringfügig, daß leicht ein Schwungrad von genügendem Trägheitsmoment angeordnet werden kann, um diesem gegenüber den so entstehenden Mehrbetrag an Reibungsarbeit verschwinden zu lassen. Der Reibungskoeffizient ist entgegen der vorher gemachten Annahme nicht unveränderlich. Nach den Ergebnissen der bisher darüber angestellten, allerdings noch sehr unzureichenden Untersuchungen ist anzunehmen, daß er u. a. eine Funktion der Geschwindigkeit des Gleitens ist. Die Änderung scheint aber innerhalb weit entfernter Geschwindigkeitsgrenzen eine so kleine zu sein, daß der Reibungskoeffizient zwischen nahen Geschwindigkeits-grenzen, etwa $\omega_m = 1$ und 3 m/Sek., unter sonst gleichen Um-ständen praktisch schon als unveränderlich gelten kann. Die Grenzen der Geschwindigkeitsänderungen der Scheibe, mit denen zu rechnen ist, liegen aber einander noch beträchtlich näher. In bedeutend stärkerem Maße als die Geschwindigkeit des Gleitens ist für die Größe des Reibungskoeffizienten der Zustand der auf-einander gleitenden Flächen bestimmend. Aber die Verhältnisse lassen sich ohne Mühe so wählen, daß dieser Zustand nach einer gewissen Betriebszeit sich nur noch ganz allmählich ändert. So wird beispielsweise die Temperatur der Reibungsflächen zunächst verhältnismäßig schnell wachsen, dann aber, sobald ein bestimmtes Temperaturgefälle erreicht ist, annähernd gleichbleibend werden, da mit dem Temperaturgefälle die Wärmemenge wächst, die in der Zeiteinheit den Reibungsflächen durch Austausch entzogen wird, also bei einem bestimmten Temperaturgefälle hinsichtlich der Reibungsflächen Wärmezufuhr und -abfuhr einander gleich werden.

Auf Grund dieser Erwägungen schien die Erwartung gerecht-fertigt, daß bei Verwendung einer Regelungseinrichtung der angedeuteten Art irgendwelche periodische Geschwindigkeits-änderungen der Scheibe überhaupt nicht und allmählich sich voll-ziehende Änderungen nur in verkleinertem Maßstabe auf die Schwungradwelle übertragen werden würden.

Bei dem ersten von der Firma Dreyer, Rosenkranz & Droop in Hannover ganz vortrefflich ausgeführten Entwurf eines solchen Motors, den die Schnittzeichnung Fig. 17 zeigt, ist die in Fig. 16 mit 3 gekennzeichnete Scheibe in Form eines Windrades ausgebildet, das durch eine Düse mit Preßluft beaufschlagt wird. Die Schwung-radwelle steht senkrecht und endigt unten in einen gehärteten Stahlzapfen, der auf einer gehärteten Stahlkugel läuft; hierdurch wird ein außerordentlich leichter Gang erzielt. Ein unmittelbar am Motor angeordnetes Schneckenrad-Vorgelege 1 mit zwei Schnur-scheiben von verschiedenem Durchmesser erwies sich insofern als unbrauchbar, als bei der gewählten Teilung des Schneckenrades die Zähne nicht stoßfrei in die Schnecke einliefen und der Schnur-trieb dadurch in eine ruckweise fortschreitende Bewegung geriet. Bei Verwendung einer beträchtlich kleineren Teilung wäre nicht gut mehr eine solche Übersetzung zu erreichen gewesen, daß sich ohne Zwischenschaltung eines besonderen Vorgeleges günstige Winkel-

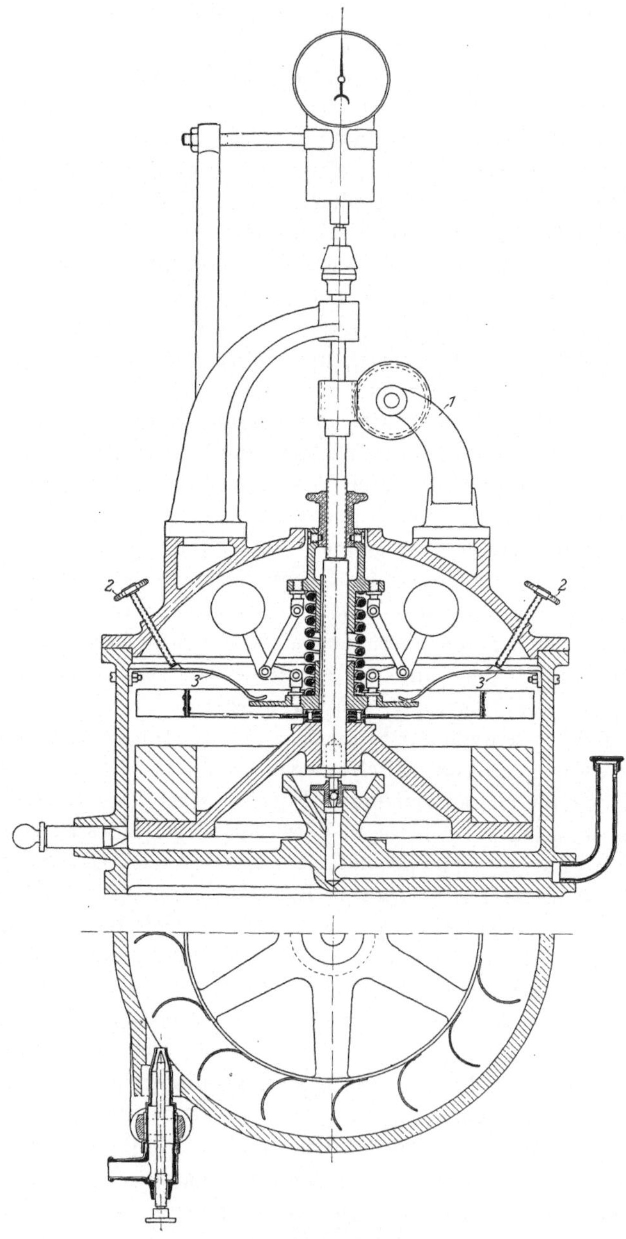

Fig. 17.

geschwindigkeiten der Indikatortrommel ergeben hätten. Es wurde deshalb das Schneckenrad-Vorgelege ganz entfernt, statt der Schnecke eine Schnurscheibe angebracht und die Übersetzung mit Hilfe eines besonderen Vorgeleges bewirkt. Auch der Regler zeigte gewisse Mängel und wurde durch einen anderen von größerer Verstellungskraft ersetzt. Außerdem erhielt die Reglerhülse am unteren Ende einen Ansatz in Form einer Ringscheibe, gegen deren obere Fläche durch Stellschrauben 2 zwei Bremsfedern 3 gedrückt werden können. Diese werden so eingestellt, daß sie im Ruhezustande des Motors die Ringscheibe eben berühren. Die minutliche Umlaufzahl des Motors läßt sich durch geeignete Wahl der Vorspannung der schraubenförmigen Reglerfeder zwischen 300 und 600 leicht auf einen beliebigen Betrag einstellen; allerdings kann die Vorspannung nur im Ruhezustande des Motors geändert werden. Geringe Änderungen der Umlaufzahl sind aber auch während des Ganges noch mittels der vorher erwähnten, zur Einstellung der Bremsfedern dienenden Stellschrauben zu erreichen. Die Düse ist durch

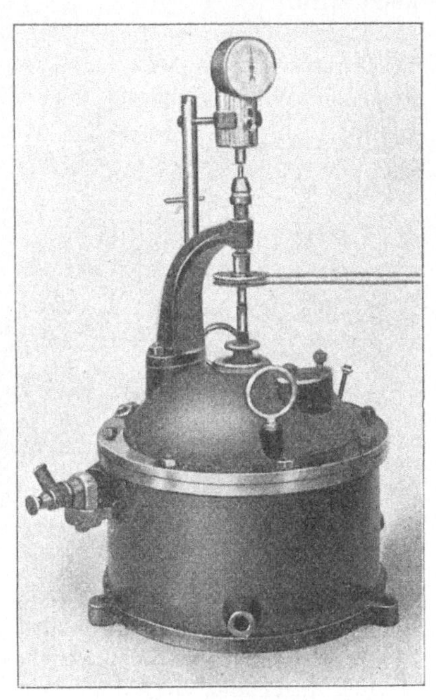

Fig. 18.

einen in kreisbogenförmiger Kulisse gehenden Stein geführt, so daß ihre günstigste Neigung zum Windrad versuchsweise ermittelt werden kann; ihr Ausflußquerschnitt läßt sich durch einen in ihrer Achse verschraubbaren mit Kegelspitze versehenen Dorn verändern. Zum Betriebe wird Preßluft von etwa 2 kg/qcm Überdruck verwendet, wobei die Verbrauchsmenge durchschnittlich etwa 0,23 bis 0,25 kg Luft in der Minute beträgt. Das ist in Anbetracht der geringen Leistung, die der Motor nur herzugeben braucht, sehr viel.

Die Verbrauchsmenge kann aber zweifellos durch Anordnung besserer Schaufeln noch wesentlich vermindert werden. Die hier angebrachten Schaufeln sind der Einfachheit halber aus Blechstreifen hergestellt worden, deren Abmessungen und Krümmung nicht einmal sorgfältig bestimmt wurden, da wirtschaftliche Rücksichten zunächst minder wichtig schienen. Fig. 18 zeigt noch eine photographische Abbildung des Motors in der Form, wie er jetzt benutzt wird.

Nach einem zweiten Entwurf wurde in der mechanischen Werkstatt des Maschinen-Laboratoriums ein Motor mit wagerecht liegender Welle ausgeführt, der in den Figuren 19 und 20 abgebildet ist. Die vorher mit 3 gekennzeichnete Scheibe ist hier

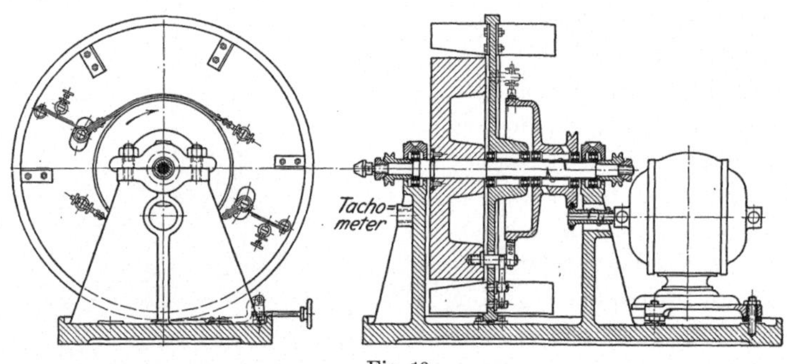

Fig. 19.

so ausgebildet, daß sie auf zwei Kugellaufringen geht, deren Innenringe auf der Schwungradwelle sitzen; sie wird von einem Elektromotor mittels Schnurtriebes gedreht. Dieser ersten Ausführung gegenüber zeigt Fig. 19 einen vereinfachten Antrieb durch Reibungsrollen. Der Regler ist als Achsenregler ausgebildet und mit einer neben dem Schwungrad angeordneten Scheibe, die ebenfalls auf zwei Kugellaufringen geht, derartig verbunden, daß diese als Beharrungsmasse arbeitet. Die Scheibe ist außerdem mit 6 Paaren radial gerichteter Windflügel versehen; der Luftwiderstand ist dabei im gleichen Sinne wie die Fliehkraft des Reglers tätig. Dessen wirksame Elemente sind zwei Reibungsbänder aus Federstahl mit untergelegten Lederstreifen, die auf der vom Elektromotor angetriebenen Scheibe gleiten. Je ein Ende dieser Reibungsbänder ist an einem mit der Beharrungs-

scheibe verbundenen Bolzen befestigt, während die beiden anderen
Enden mittels je einer Stellvorrichtung an zwei auf dem Schwungrad sitzenden Bolzen angreifen, die durch Aussparungen der
Beharrungsscheibe hindurchgehen. Gegen diese beiden Bolzen
drücken zwei Blattfedern, die auf der Beharrungsscheibe befestigt
sind und durch Stellschrauben gespannt werden können. Je nach
der Größe ihrer Spannung liegen also die Reibungsbänder mit
mehr oder minder starker Pressung am Umfang der Reibungsscheibe. Dementsprechend regelt sich die Umlaufzahl der Schwungradwelle, die sich zwischen etwa 300 und 900 leicht auf jeden

Fig. 20.

beliebigen Betrag einstellen läßt. Auch hier kann diese Einstellung nur
im Ruhezustande des Motors vorgenommen werden, doch ist außerdem wiederum eine Hilfsbremse mit Stellschraube angeordnet, die auf
den Umfang der Beharrungsscheibe wirkt, und durch die geringe
Änderungen der Umlaufzahl während des Ganges bewirkt werden
können. Die 6 Windflügelpaare haben eine Gesamtfläche von
225 qcm, und der Radius des durch die Flügelmitten gehenden
Kreises mißt 142 mm. Das Moment des auf die Beharrungsscheibe
wirkenden Luftwiderstandes ist bei 600 minutlichen Umläufen
etwa 0,03 mkg. Das Moment der Fliehkraft-Komponenten der
Reibungsbänder, die auf die Beharrungsscheibe tangential zu dem
durch die Befestigungsbolzen gehenden Kreise wirken, beträgt bei

der erwähnten Umlaufzahl etwa 0,02 mkg. Die durch den Regelungsmechanismus gehenden Kräfte sind darnach verhältnismäßig klein. Das Trägheitsmoment der Beharrungsscheibe beträgt etwa 12 mkg, das des Schwungrades etwa 34 mkg, das der Reibungsscheibe etwa 2,7 mkg, alles auf die gleiche, bereits genannte Umlaufzahl bezogen. Diese Zahlen gelten für die gegenwärtig im Gebrauch befindliche Ausführung. Bei dem etwas veränderten Entwurf, den Fig. 19 zeigt, ist die Gesamtfläche der Windflügel größer gewählt; auch die übrigen Verhältnisse weichen von denen der ersten Ausführung in geringem Maße ab, und zwar in der Weise, daß sie der Leistung des in der verwendeten Form fertig käuflichen Elektromotors besser angepaßt sind, die vollkommen ausreicht, um mit der Einrichtung mehrere Indikatoren gleichzeitig betreiben zu können.

Die vorher erwähnte erste Ausführung leidet insofern an einem empfindlichen Mangel, als die dabei benutzten fertig bezogenen Kugellaufringe zu wünschen übrig lassen. Diese wurden nach einem Muster bestellt, das in jeder Hinsicht, soweit ein Urteil ohne Erprobung möglich war, einen guten Eindruck machte und besonders auch seiner geringen Abmessungen wegen gefiel. Nachdem sie aber eingebaut worden waren, zeigte es sich, daß sie durchweg nicht eben liefen und infolgedessen die Beharrungsscheibe und auch die Reibungsscheibe in einen seitlich schlagenden unruhigen Gang gerieten. Es wurden dann unter Hinweisung auf den erwähnten Fehler andere Ringe erbeten und geliefert, die sich auch als etwas besser, jedoch nicht als vollkommen erwiesen. Wahrscheinlich ist es auch bei dem erneuten Einpassen der Ringe, das naturgemäß größere Schwierigkeiten bot, nicht ganz ohne Fehler abgegangen, so daß ein vollkommen ruhiger Gang der Scheiben nicht erzielt werden konnte. Der Motor wurde aber dennoch in Gebrauch genommen, da für weitere Änderungen vorläufig die Zeit fehlte und auch so schon eine für die meisten Versuche ausreichend scheinende Annäherung an die gleichförmige Drehung erreicht wurde. Offenkundig kann eine sehr große Empfindlichkeit der Regelung nur bei vollkommen zentrisch und eben laufenden Scheiben erwartet werden. Es ist deshalb geboten, an derartige Kugellaufringe, die bei solchen und ähnlichen Einrichtungen verwendet werden sollen, besondere Anforderungen zu stellen, denen sie für viele andere technische Zwecke nicht gerade unbedingt zu genügen brauchen.

Vorrichtung zum Messen des Nacheilens des Marken-
schreibzeuges.

Das Markenschreibzeug zeichnet die Orts- und Zeitmarken nicht genau in dem Augenblicke, wo der Stromschluß erfolgt. Dies ist einerseits durch die Trägheit bedingt, die der Bewegung des Ankers entgegenwirkt, und andererseits durch die bei der Magnetisierung zu überwindende molekulare Trägheit. Dazu kommt, daß in dem Linienzuge der Markenreihen nicht der Anfang, sondern nur das Ende der Schreibstifterhebung genau zu erkennen ist, und zwar dieses, indem sich beim Anschlagen des Ankers an seine Hubbegrenzung im Linienzug eine Ecke bildet. Es empfiehlt sich also, bei der Auswertung der Diagramme hiervon auszugehen. Die zwischen dem Augenblicke des Stromschlusses und dem Ende der Schreibstifterhebung verfließende Zeit kann man als zeitliches Nacheilen des Markenschreibzeuges bezeichnen, und dieses ist unveränderlich, solange die Spannung der Stromquelle, der Ausschlag des Ankers und der Reibungswiderstand des Schreibstiftes gleich bleiben.

Die Spannung der Stromquelle kann bei dem sehr geringen Stromverbrauch praktisch als unveränderlich gelten, wenn nur die Elemente oder Akkumulatoren, die man verwendet, in gutem Zustande sind, und größere Isolationsfehler vermieden werden. Die zweite der vorher genannten Bedingungen wird dadurch erfüllt, daß man für die Dauer einer Untersuchung die Hubbegrenzungsschraube 18 am Markenschreibzeug Fig. 4 unberührt läßt. Was endlich die Schreibstiftreibung betrifft, so kann man auch diese wenigstens annähernd unveränderlich halten, und zwar in folgender, allerdings etwas umständlicher Weise. Zunächst ist dafür zu sorgen, daß sich die Schreibstiftspitze jedesmal beim Beginn des Indizierens möglichst in demselben Zustand befindet. Wenn man Wert darauf legt, alle Diagramme in besonders feinen Linien aufzuzeichnen, was für eine sehr genaue Auswertung von Bedeutung ist, so müssen die Schreibstifte vor jedem Indizieren neu angeschärft werden, am besten mittels einer feinen, schon etwas abgenutzten Schlichtfeile. Vollkommen scharf darf die Spitze bekanntlich nicht sein, zumal bei Metallstiften, da diese dann das Papier aufritzen; Graphitstifte neigen weniger dazu, selbst solche von besonderer

Härte. Jedenfalls tut man gut daran, die spiegelnde Fläche, die sich infolge des Verschleißes des Schreibstiftes beim Indizieren an dessen Spitze gebildet hat, durch das neue Anschärfen nicht ganz verschwinden zu lassen, sondern sie nur auf ein bestimmtes geringes Maß zu beschränken, und es ist natürlich Sache der Übung und der Sorgfalt, die man im einzelnen aufwenden will, hierbei immer das Richtige zu treffen. Vor allem verdient es aber Beachtung, daß der Schreibstift stets gleich stark gegen das Papier gedrückt wird. Dies läßt sich leicht und hinreichend genau dadurch erreichen, daß man die Stellschraube, die dem Schreibzeug als Anschlag dient, zunächst so weit vorschraubt, daß der Schreibstift das Papier nicht berührt, sie dann langsam so lange zurückdreht, bis die Berührung gerade erfolgt, und sie endlich noch um einen in den einzelnen Fällen annähernd gleichen Winkel zurückschraubt, etwa 90^0, was meistens gerade recht ist, wenn der Schreibstift-hebel genügend leicht durchfedert. Um dies zu erreichen, wurden an den bisher benutzten Markenschreibzeugen die Schreibstifthebel nahe der Schwingenachse auf der Breitseite so weit abgeschliffen, daß die Stärke an der schwächsten Stelle $^1/_2$ mm beträgt. Der Winkel, um den man die Stellschraube schließlich noch zurückdreht, ist schätzungsweise leicht zu treffen, wenn die Stellschraube am Knopf einen kleinen angelöteten Doppelzeiger mit zwei diametral gegenüberliegenden Spitzen trägt. Die Schreibstiftreibung nimmt nun während des Indizierens infolge des Verschleißes der Schreib-stiftspitze ab, aber man darf annehmen, daß dies immer in gleichem Maße erfolgt. Die hier der Schreibstiftreibung geschenkte Be-achtung mag in Anbetracht der sonstigen Fehlerquellen als über-trieben erscheinen. Es sollte auch hier nur der Vollständigkeit halber besprochen werden, daß man es in der Hand hat, hin-sichtlich der Schreibstiftreibung mit großer Annäherung für jede Diagrammaufzeichnung die gleichen Verhältnisse herbeizuführen. Übrigens zeigt sich, daß bei den später zu besprechenden Unter-suchungen über die Eigenschwingungen des Indikators die Größe der Schreibstiftreibung eine merkbare Rolle spielt. Die Bedingungen, unter denen das zeitliche Nacheilen unveränderlich bleibt, lassen sich nach dem vorher Gesagten wohl bis auf verschwindend kleine Fehler erfüllen.

Das zeitliche Nacheilen stellt sich im Diagramm als eine Liniengröße dar, nämlich als Abstand der erwähnten Ecke, die im Linienzug der Markenreihe das Ende der Schreibstifterhebung angibt, und der aufzusuchenden Ordinate, die dem Zeitpunkt des Stromschlusses entspricht. Dieser Abstand, den man als lineares Nacheilen des Markenschreibzeuges bezeichnen kann, ist der Winkelgeschwindigkeit der Trommel direkt proportional und je nach deren Größe so beträchtlich, daß er bei der Auswertung der Diagramme nicht vernachlässigt werden darf. Das lineare Nacheilen muß daher für eine bekannte Winkelgeschwindigkeit der Trommel gemessen werden und läßt sich dann für jede andere Winkelgeschwindigkeit sofort berechnen.

Zur Durchführung dieser Messung dient die in der Zeichnung Fig. 21 und in der Abbildung Fig. 12 dargestellte Einrichtung. Auf den Indikator wird statt des gewöhnlichen Deckels, der das Schreibzeug trägt, ein besonderer Deckel 1 geschraubt. Darin läßt sich eine Messingspindel 2 drehen, die durch eine Stabilitbüchse isoliert ist und eine Schleiffeder 3 trägt. Der Stromkreis wird mit eingeschaltetem Markenschreibzeug so geführt, daß er durch Berührungen zwischen der

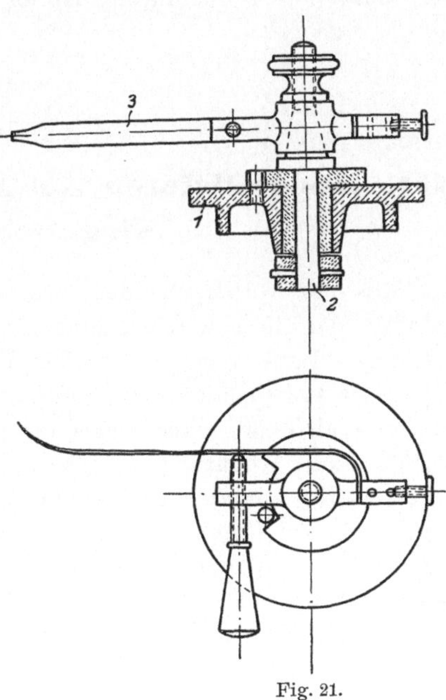

Fig. 21.

Schleiffeder und dem Trommelmantel zeitweilig geschlossen wird. Zu dem Zwecke spannt man auf die Trommel ein Blatt, das in der Höhe der Schleiffeder mit einer Anzahl rechteckiger Ausschnitte 4 versehen ist. Danach reißt man mit Hilfe des Trommelwinkels 5, Fig. 6, Ordinaten 6 an, die mit den Vorderkanten der Ausschnitte — im Sinne der Trommeldrehung verstanden — zusammenfallen. Werden nun bei umlaufender Trommel die Schleiffeder und der Schreibstift des Markenschreibzeuges angedrückt, so ist der Stromkreis geöffnet, solange sich Papier zwischen der Trommel und der

Schleiffeder befindet. Wenn aber deren Spitze von der Vorderkante eines Ausschnittes abgleitend mit der metallisch blanken Mantelfläche der Trommel in Berührung kommt, so wird der Stromkreis geschlossen, und das Markenschreibzeug zeichnet eine Marke auf. In dieser Weise erhält man einen Linienzug, aus dem die Größe des linearen Nacheilens leicht ermittelt werden kann.

Die nur wenige Minuten erfordernde Messung des linearen Nacheilens nimmt man zweckmäßig zu Anfang einer Untersuchung vor; über ihre Durchführung ist im folgenden Näheres angegeben.

III. Das Indizieren von Kurbelweg- und Zeitdiagrammen.

Aus der vorhergehenden Beschreibung folgt, daß die Indikatoren der lose aufgesteckten Trommel wegen nicht in jeder beliebigen Lage angebaut werden können; die zulässigen Grenzlagen der Trommelachse sind durch die Horizontalebene bestimmt. Verläuft also an einer liegenden Maschine beispielsweise eine radiale Indizierbohrung unterhalb der durch die Zylinderachse gehenden Horizontalebene, so muß zum Aufschrauben des Indikatorhahnes ein knieförmiger Indizierstutzen zu Hilfe genommen werden. Diese Fälle sind aber im allgemeinen selten. Die im übrigen zu beachtenden Verhältnisse liegen für Zeitdiagramme etwas einfacher als für Kurbelwegdiagramme, weshalb jene zuerst besprochen werden mögen.

Zeitdiagramme.

Nachdem der Indikator angebaut ist, bringt man den kleinen Arbeitstisch, auf dem der Motor Fig. 20 und die große Vorgelegescheibe Fig. 22 aufgestellt sind, in seine Nähe und stellt den Schnurtrieb her, wobei unter Umständen eine der Vorgelegerollen Fig. 14 oder einer der Leitrollensätze Fig. 15 zu benutzen sein wird. Die Schnüre spannt man, um den Motor nicht unnötig hoch zu belasten, nur so stark an, daß während des Ganges seitliche Schwingungen möglichst vermieden werden; wenige Versuche lehren, wieweit man in dieser Hinsicht zu gehen hat, um die günstigsten Verhältnisse herbeizuführen.

Vor der Untersuchung mißt man das lineare Nacheilen. Man schraubt hierzu den mit der Schleiffeder ausgerüsteten Deckel auf den Indikator, wie Fig. 12 zeigt. Dann spannt man auf die Trommel ein mit rechteckigen Ausschnitten 4 versehenes Blatt, Fig. 6, reißt mittels des Trommelwinkels 5 die Ordinaten 6 und eine längere Ordinate 7 an und schiebt die Trommel auf die Trommelnabe, aber so, daß sie die obere Lage einnimmt, daß also die Blattfedern 9, Fig. 3, in die Kerben 8 eingreifen. Nun stellt man das Markenschreibzeug so ein, daß die Spitze seines Schreibstiftes mit der Spitze der Schleiffeder 3 auf die Ordinate 7 einspielt. Endlich ist die Magnetspule des Markenschreibzeuges in den Stromkreis zu schalten, wie dies aus dem Leitungsschema Fig. 23 zu ersehen ist. Darin bedeutet 2 das Markenschreibzeug mit seinen Klemmen 11, 3 die Schleiffeder, 4 den Stromsender für Zeitmarken, 5 die Stromquelle und 6 einen Umschalter, den man nahe dem Indikator in handlicher Weise anbringt. Benutzt man zur Ermittelung der Zeitmarkenperiode nicht das mit dem Markenschreibzeug verbundene, sondern ein besonderes Schaltwerk, wie in Fig. 13 dargestellt, so ist dieses noch hinter dem Stromsender 4 in den Stromkreis einzufügen.

Fig. 22.

Die an einer Seite mit Schraffur versehenen Linien des Schemas deuten an, daß hier Körperschluß vorhanden ist, die Leitung also an die Maschine selbst oder an Metallteile, die mit ihr in stromleitender Verbindung stehen, z.B. Rohrleitungen, Träger, Schutzgeländer o. a., angeschlossen ist. Bei der gezeichneten Stellung des Schalters 6 ist der Stromkreis dauernd offen. Wird der Schalter auf den Kontakt 7 gestellt, so ist die Schleiffeder 3, wird er auf den Kontakt 8 gestellt, so ist der Stromsender 4 bereit, die zur Betätigung des Markenschreibzeuges erforderlichen Stromstöße in dessen Magnetspule zu schicken.

Man setzt nunmehr den Motor zum Antrieb der Indikatortrommel in Betrieb und wartet, bis der Beharrungszustand eingetreten ist. Dann stellt man den Schalter 6 auf den Kontakt 7 und drückt die Schleiffeder 3 und den Schreibstift des Markenschreibzeuges gleichzeitig an die Trommel. Nach einem Umlauf erfaßt man den Trommelknopf 6, Fig. 3, so daß die Blattfedern aus den Kerben 8 verdrängt werden, und schiebt die Trommel in ihre tiefste Lage. Stellt man jetzt den Schalter 6 auf den Kontakt 8, so setzt sich der Stromsender 4 in Bewegung und ist nach etwa 5 Sekunden zuverlässig in regelmäßigem Schwingen begriffen. Man drückt dann den Schreibstift des Markenschreibzeuges abermals, und zwar diesen allein, an die Trommel und schreibt noch eine Reihe von Zeitmarken, etwa während eines Trommelumlaufes.

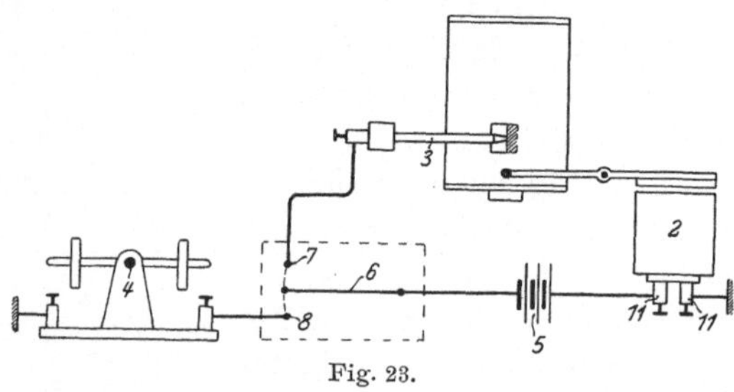

Fig. 23.

Das abgenommene Blatt zeigt zwei Markenreihen, wie aus Fig. 24 hervorgeht. Darin bezeichne t_l den Abstand zweier aufeinander folgenden Zeitmarken oder, wenn eine größere Anzahl von Zeitmarken aufgezeichnet worden ist, das arithmetische Mittel der einzelnen Abstände. Dann ist durch den Abstand r das lineare Nacheilen für die aus der Größe t_l zu bestimmende Winkelgeschwindigkeit der Trommel gegeben. Es kann vorkommen, daß der Abstand r nicht an allen Ausschnitten gleich groß ist. Dann kann mit Sicherheit darauf geschlossen werden, daß an den Ausschnitten, wo der Abstand r größer ausgefallen ist als an den anderen, die Berührung zwischen der Schleiffederspitze und dem Trommelmantel nicht unmittelbar hinter der Vorderkante des Ausschnittes erfolgte. Und zwar wird dies in der Regel durch irgend eine Verunreinigung der Trommel verschuldet worden sein, etwa durch eine Spur angetrockneten Klebstoffes. Es empfiehlt sich daher, vor jeder Messung dieser Art die Trommel feucht abzuwischen und dann mit weicher sauberer Putzwolle gut trocken und blank zu reiben. Um auch vor dem störenden Einfluß loser Verunreinigungen sicher zu sein, tut man gut, jedesmal ein Blatt mit mehreren Ausschnitten zu verwenden. Bei Beobachtung dieser Vorsichtsmaßregeln wird man durchweg finden, daß der Abstand r entweder an allen Ausschnitten oder doch an der überwiegenden Mehrzahl dieser die gleiche Größe hat. Bei den ausnahmsweise vorhandenen Abweichungen ergeben sich dann größere Werte, und diese schaltet man als fehlerhaft ganz aus. Die auf diese Weise erhaltenen Ergebnisse sind durchweg so genau, daß eine Wiederholung nur in den seltensten Fällen nötig ist. Jedoch kann in Anbetracht der geringen Mühe, die damit verbunden ist, der vollkommenen Sicherheit halber noch eine zweite Messung nach Beendigung der Maschinenuntersuchung vorgenommen werden.

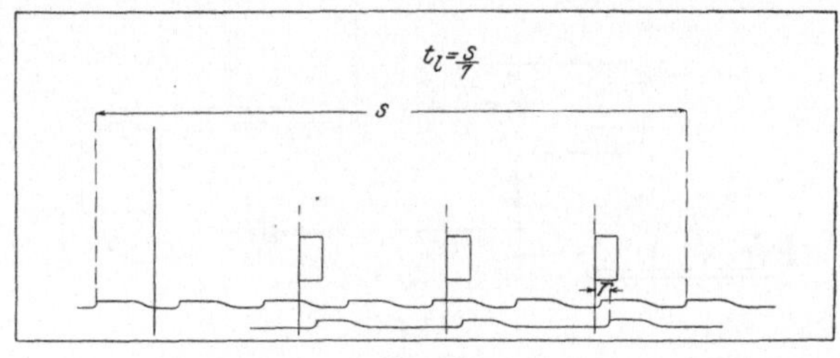

Fig. 24.

Nach Abnahme des die Schleiffeder tragenden Hilfsdeckels schraubt man den gewöhnlichen, mit dem Schreibzeug verbundenen Indikatordeckel wieder auf und stellt in gleicher Weise, wie vorher besprochen, das Markenschreibzeug so ein, daß sein Schreibstift mit dem des Indikators auf eine gemeinsame Ordinate einspielt. Dann ist noch die Stromführung für das Markenschreibzeug zu ändern, was einfach in der Weise geschieht, daß die von dem Kontakt 7 nach der Schleiffeder 3 führende Leitung, Fig. 23, jetzt mit dem Stromsender für Ortsmarken 9 verbunden wird, wie das Schema Fig. 25 angibt.

Zu bemerken ist hier, daß man für die Leitungen am besten einadrige Leitungsschnüre verwendet. Man wählt die einzelnen Stücke genügend lang, um an allen in Betracht kommenden Stellen der Maschine indizieren zu können, ohne an der Leitung Änderungen vornehmen zu müssen. Sind in bestimmten Fällen einzelne

Leitungsschnüre zu lang, so empfiehlt es sich, sie teilweise zu einer Rolle zusammenzulegen und diese festzubinden.

Nachdem der Stromsender für Ortsmarken in der gewünschten Weise eingestellt worden ist, kann mit dem Indizieren begonnen werden. Hierbei verfährt man hinsichtlich der Aufzeichnung der Orts- und Zeitmarken ganz ähnlich, wie dies vorher besprochen wurde. Man bringt also zunächst die Indikatortrommel in die obere Lage, stellt den Schalter 6, Fig. 25, auf den Kontakt 7 und schreibt gleichzeitig mit dem Diagramm die Ortsmarken. Dann stellt man den Schalter 6 auf den Kontakt 8, schließt den Indikatorhahn, schiebt die Trommel in die unterste Lage und schreibt noch eine Reihe von Zeitmarken. Daß dieses nicht gleichzeitig mit dem Indizieren geschieht, ist unbe-

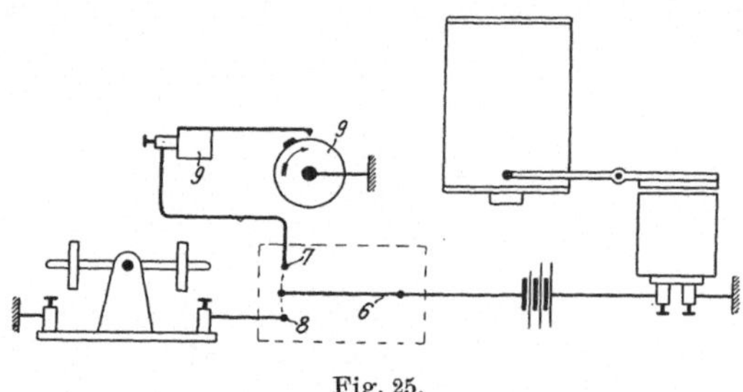

Fig. 25.

denklich, da eine Änderung der Winkelgeschwindigkeit, mit der sich die Trommel dreht, in der kurzen Zeit, die zwischen dem Indizieren und dem Aufzeichnen der Zeitmarken verfließt, sich mit Sicherheit vermeiden läßt. Unbeabsichtigte Änderungen der Winkelgeschwindigkeit der Trommel infolge von kleinen Störungen, die nicht ohne weiteres zu bemerken sind, vollziehen sich bei den verhältnismäßig großen Schwungmassen des zum Antrieb der Trommel dienenden Motors nur ganz allmählich, so daß sie einen nennenswerten Betrag erst nach längerer Zeit ausmachen. Dies könnte etwa dann der Fall sein, wenn sich infolge einer unzureichenden Wartung die Güte der Schmierung während des Betriebes verminderte.

Hat man bei der Untersuchung genügende Hilfskräfte zur Verfügung, so kann auch so vorgegangen werden, daß ein Beobachter die Umlaufzahl des Antriebmotors vollkommen gleichbleibend erhält, was nach Angabe des mit dem Motor verbundenen

Tachometers mittels der Hilfsbremse leicht zu erreichen ist. Es wird dann also stets bei der gleichen Winkelgeschwindigkeit der Trommel indiziert, und es genügt, diese dann und wann in der Weise festzustellen, daß man mit Hilfe des Chronoskops die Trommelumläufe abzählt. Denn bei richtig hergestelltem Schnurtrieb bleibt dessen Schlüpfung, wie später gezeigt werden wird, für lange Zeitabschnitte nahezu vollkommen gleich. Da hierbei das Aufzeichnen von Zeitmarken unterbleiben kann, so gestaltet sich die Indizierung der Diagramme entsprechend einfacher.

Statt der vorher besprochenen Art, das lineare Nacheilen zu messen, kann auch folgendes Verfahren in Anwendung kommen. Man spannt wieder ein mit rechteckigen Ausschnitten versehenes Blatt auf, ohne aber die Ordinaten 6 und 7 anzureißen. Es

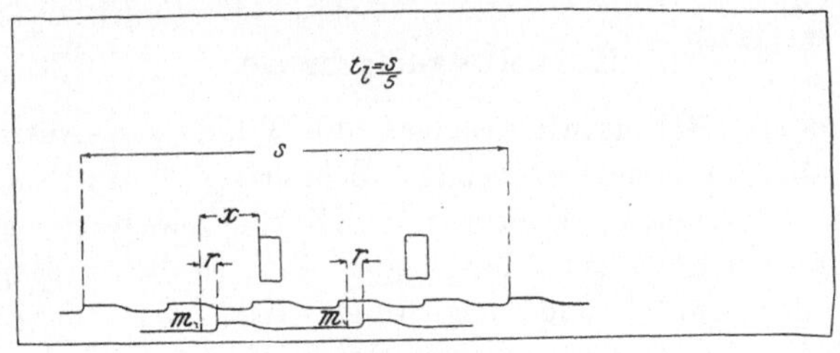

Fig. 26.

braucht jetzt auch nicht das Markenschreibzeug so eingestellt zu werden, daß sein Schreibstift mit der Schleiffederspitze auf die gleiche Ordinate einspielt, sondern seine Einstellung kann eine beliebig andere sein, etwa eine solche, daß die Ordinaten, die durch die Spitze der Schleiffeder und die des Schreibstiftes bestimmt sind, um die Größe x voneinander abstehen. Man bewegt darauf die Trommel zunächst mit sehr geringer Geschwindigkeit, etwa dadurch, daß man den Motor von Hand langsam drehen läßt, und drückt, nachdem der Schalter 6, Fig. 23, auf den Kontakt 7 gestellt worden ist, den Schreibstift und die Schleiffeder an das Papier. Für die sehr geringe Winkelgeschwindigkeit der Trommel wird das lineare Nacheilen unendlich klein, und das Markenschreibzeug zeichnet in dem Augenblicke, wo die Schleiffederspitze unmittelbar hinter der Vorderkante eines Ausschnittes den Trommelmantel berührt, eine Marke, und zwar in Gestalt eines Bogens, der seiner Kürze wegen als Gerade normal zur

Abszisse gelten kann. Man setzt jetzt den Motor in Betrieb und verfährt mit dem Aufzeichnen der Orts- und Zeitmarken wie bei der vorher beschriebenen Art der Messung. Wird auf dem abgenommenen Blatt, Fig. 26, der Abstand zweier aufeinander folgender Zeitmarken mit t_l und der Abstand der durch die Ortsmarken bestimmten Ordinate von der durch die Marke m bestimmten Ordinate mit r bezeichnet, so ist durch diesen Abstand r das lineare Nacheilen für die aus der Größe t_l zu ermittelnde Winkelgeschwindigkeit der Trommel gegeben.

Die Berücksichtigung des linearen Nacheilens in den indizierten Diagrammen ist Sache der Auswertung, die im folgenden besprochen werden wird.

Kurbelwegdiagramme.

Besondere Beachtung verdient die Wahl der Antriebstelle für den die Trommel drehenden Schnurtrieb. In bestimmten Fällen ist die Ungleichförmigkeit der Kurbelbewegung wesentlich durch die Verdrehungen des Teiles der Welle bedingt, der zwischen der Kurbel und den Stellen liegt, wo Energie abgegeben wird. Die Änderungen, die die Winkelgeschwindigkeit der Welle in bezug auf einen bestimmten Querschnitt erleidet, weichen dann hinsichtlich ihres Verlaufes von denen der Winkelgeschwindigkeit der Kurbel ab, und zwar im allgemeinen um so weniger, je näher der betrachtete Wellenquerschnitt der Kurbel liegt. Sollen also die Änderungen der Trommelgeschwindigkeit denen der Kurbelgeschwindigkeit sich möglichst annähern, so ist die Antriebstelle für den Schnurbetrieb so dicht an der Kurbel liegend zu wählen, wie dies die Bauart der Maschine nur zuläßt.

An freien Stirnkurbeln läßt sich wohl der beste Antrieb unter Benutzung einer hinreichend kräftig ausgebildeten Schmierkurbel herstellen, die mit einer Schnurrille 1 versehen wird, wie in Fig. 27 angedeutet ist. Ist die Kurbelnabe von genügender Länge, so läßt sich auch auf dieser, etwa bei 2, eine Schnurrille eindrehen.

Bei gekröpften Kurbeln wird in der Regel die Antriebstelle zweckmäßig an der dem Schwungrad entgegengesetzten Seite der Kurbel zu wählen sein. Zwischen Kurbelwange und Lager ist nur selten genügender Platz vorhanden. Die Antriebstelle würde hier auch — obwohl an sich sehr geeignet — aus dem Grunde ungünstig liegen, weil dann das Auflegen der Schnur während des Betriebes mit Unzuträglichkeiten verknüpft wäre. Dagegen wird sich meist an der Außenseite des Lagers eine passende Antriebstelle finden lassen, beispielsweise ohne weiteres bei freiliegender Stirnfläche des Wellenschaftes, an der sich eine Schnurscheibe leicht befestigen läßt.

An diesem Wellenende ist vielfach der Antrieb der Steuerwelle angeordnet. Falls die hierzu dienenden Zahnräder genau gearbeitet sind und annähernd spielfrei kämmen, so kann auch die Steuerwelle für den Antrieb der Trommelschnur in Betracht kommen. Hierbei ist zu erwägen, daß die Steuerwelle ebenfalls periodischen Verdrehungen unterworfen ist, die je nach ihren Abmessungen und nach Art und Lage der Steuerung verschieden groß sind. Hier kommt also die Antriebstelle der Trommelschnur im allgemeinen desto besser zu liegen, je näher dem Zahnradgetriebe sie angeordnet ist. Immer aber wird ein Antrieb von der Steuerwelle aus weniger genau sein als ein solcher, der von der Hauptwelle aus an geeigneter Stelle erfolgt, da ein spielfreies Kämmen des Zahnradgetriebes praktisch ausgeschlossen ist.

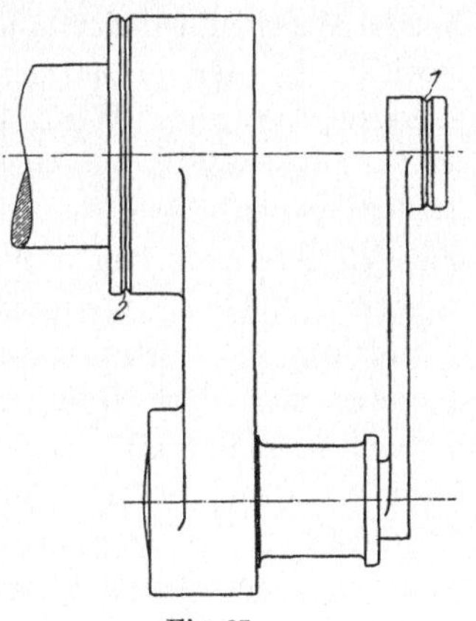

Fig. 27.

Über die Größe des Spieles kann man sich im einzelnen Falle dadurch vergewissern, daß man die Steuerwelle der stillstehenden Maschine von Hand hin- und herdreht. Man klemmt zu diesem Zwecke mit Hilfe einer Schelle und nach Zwischenlegung eines Futters aus Kupferblechstreifen, Leder o. a. einen Hebel auf der Steuerwelle fest. Die Grenzen des dem Spiel entsprechenden Ausschlages kennzeichnet man entweder mit der Reißnadel am Umfange des auf der Steuerwelle sitzenden Zahnrades, oder man bestimmt sie mit Hilfe einer Scheibe, die eine Winkelteilung enthält, und auf die ein an passender Stelle zu befestigender Zeiger einspielt. Eine solche an der Haupt- oder Steuerwelle anzubringende Scheibe zur Messung von Drehungswinkeln sollte man überhaupt für jede Maschine in Bereitschaft halten, da sie bei der Untersuchung der Einstellung der Steuerung die besten Dienste leistet.

Hier scheint die Bemerkung am Platze zu sein, daß es ganz ähnlicher Erwägungen wie hinsichtlich der Anordnung des Schnurtriebes beim Anbauen des Stromsenders für Ortsmarken bedarf, sofern man einen solchen in Form eines Schleifkontaktes, etwa wie den in Fig. 7 dargestellten oder ähnlicher Art, zu benutzen wünscht Nur liegen hierfür die Verhältnisse in gewisser Hinsicht etwas bequemer, nämlich aus dem Grunde, weil die Geschwindigkeitsänderungen des umlaufenden Stromsenders an sich belanglos sind. Erforderlich ist nur, daß der Stromsender während des Betriebes genau bei derselben Stellung der Kurbel den Stromschluß bewirkt, in der er an der ruhenden Maschine auf Stromschluß eingestellt wurde. Wird also der Stromsender auf der Steuerwelle angebracht, so sind deren durch den Widerstand der Steuerungsgetriebe verursachte Verdrehungen bedeutungslos, wenn sie sich nur vor dem Eintreten des Stromschlusses wieder ausgeglichen haben. Angenommen z. B., man wolle bei einer einzylindrigen im Viertakt arbeitenden Verbrennungsmaschine nur für den zwischen dem Verdichtungs- und Ausdehnungshub liegenden inneren Totpunkt eine Marke in das Diagramm einzeichnen. Dann kann bei dem in Fig. 7 dargestellten Stromsender das eine der Leitungsstücke 4 abgenommen werden. Vor der Erreichung des zu kennzeichnenden Totpunktes hat die Steuerwelle die Zündungssteuerung betätigt, die aber einen so geringen Widerstand verursacht, daß die dadurch entstehende Verdrehung der Steuerwelle als verschwindend gelten kann. Die nächst vorhergehende Verdrehung ist bei der Schlußbewegung des Einlaßventils herbeigeführt worden. Aber auch diese war wegen der nicht erheblichen Belastung des Einlaßventils nur klein, und zudem hat während des inzwischen zurückgelegten Verdichtungshubes eine genügend lange Zeit für den Ausgleich dieser Verdrehung zur Verfügung gestanden. Auch ein störender Einfluß der Torsionsschwingungen der Steuerwelle ist nicht zu befürchten. Diese sind stark gedämpft und verschwinden in kürzester Zeit, da ihre Periode dem verhältnismäßig geringen Trägheitsmomente der Steuerwelle entsprechend sehr klein ist. Darnach kann man — von dem Spiel des Zahnradgetriebes abgesehen — vollkommen sicher sein, daß der Stromsender nach richtiger Einstellung den Stromschluß genau bei der zu kennzeichnenden Kurbelstellung herbeiführt, gleichgültig, an welcher Stelle der Steuerwelle er angebaut wird. Der Versuch bestätigt das, wie im folgenden gezeigt werden wird. Offenkundig gilt dies aber nicht hinsichtlich jeder beliebigen zu kennzeichnenden Kurbelstellung.

In welchem Grade die Ungleichförmigkeit der Kurbelbewegung von den regelmäßig wiederkehrenden Verdrehungen der Welle beeinflußt wird, läßt sich im allgemeinen aus dem Tangentialdruckdiagramm und aus den Abmessungen und Materialeigenschaften der Welle sowie aus der Lage der Stellen, an denen die Energieabgabe erfolgt, mit gewisser Annäherung ermitteln. Jedenfalls genügt diese Annäherung, um auf das Maß der Bedeutung schließen zu können, die im einzelnen Falle der Wahl der Antriebstelle für den Trommelschnurtrieb beizumessen ist. Offenbar verdient dabei meistens die Lage des Schwungrades besondere Beachtung.

Erfolgt der Trommelantrieb von der Hauptwelle aus, so nähert sich das Diagramm für ein Arbeitsspiel um so mehr einem Zeitdiagramm an, je näher am Schwungrad liegend die Antriebstelle gewählt wird, und je kleiner der Ungleichförmigkeitsgrad des Schwungrades ist. Erstreckt sich aber das Diagramm über eine größere Anzahl aufeinander folgender Arbeitsspiele, so ergibt sich gegenüber einem Zeitdiagramm für die gleiche Anzahl von Arbeitsspielen ein wesentlicher Unterschied, wenn sich während des Indizierens die Umlaufzahl der Maschine geändert hat. In diesem haben dann gleiche Ortsmarken verschieden große Abstände voneinander, während die Zeitmarken wie in allen Zeitdiagrammen genau oder doch sehr angenähert gleiche Abstände voneinander haben. Im Kurbelwegdiagramm dagegen haben für den genannten Fall die Zeitmarken verschieden große Abstände voneinander, während für die Abstände gleicher Ortsmarken nur die Verdrehungen der Wellenstücke bestimmend sind, die zwischen der Antriebstelle des Trommelschnurtriebes und der Befestigungsstelle des Stromsenders für Ortsmarken liegen. Wenn also dieser Stromsender und die Antriebstelle des Schnurtriebes, etwa auf der Hauptoder Steuerwelle an beliebigem Platze, unmittelbar nebeneinander liegen, so sind die Abstände gleicher Ortsmarken stets einander gleich. Ersichtlich ist dabei vorauszusetzen, daß die Schlüpfung des Schnurtriebes unveränderlich ist.

Mit diesen Ausführungen sollten der Vollständigkeit halber die Gesichtspunkte erwähnt werden, die bei der Anordnung des Schnurtriebes für Kurbelwegdiagramme und beim Anbau des Stromsenders für Kurbelweg- und Zeitdiagramme wesentlich in Betracht zu kommen scheinen. In den meisten Fällen haben die Wellenverdrehungen auf die Ungleichförmigkeit der Kurbel- und damit auch der Trommeldrehung einen so geringen Einfluß, daß sie nur dann im Diagramm als sicher meßbare Größen erscheinen würden, wenn man die Trommel mit sehr großer Winkelgeschwindigkeit betriebe. Dazu würde sich aber wohl die Verwendung eines Schnurtriebes als weniger geeignet erweisen, weil dann ein solcher zweifellos wieder an Dehnungsfehlern leiden würde. Versuche darüber, wie weit diesen dadurch begegnet werden könnte, daß man durch äußerste Verringerung des Gewichtes der Vorgelegerollen und der Trommel deren Trägheitsmomente auf ein möglichst kleines Maß beschränkte, stehen noch aus. Entschieden vorzuziehen wäre für solche Zwecke jedenfalls eine zuverlässig arbeitende zwangschlüssige Übertragung, etwa in Form einer Hilfswelle mit Zahnradgetrieben, eine Anordnung allerdings, die wohl immer nur von Haus aus mit der Konstruktion der Maschine ohne zu große Umständlichkeiten getroffen werden könnte.

Den vorher erwähnten Schwierigkeiten, die es bereitet, unmittelbar genaue Kurbelwegdiagramme zu gewinnen, kann man, wie schon im Abschnitt I erwähnt wurde, dadurch aus dem Wege gehen, daß man aus indizierten Zeitdiagrammen mit Hilfe einer gleichzeitig als Zeitdiagramm aufgezeichneten Kolbenweglinie genaue Kurbelwegdiagramme ableitet. Auch hierzu ist eine Einrichtung erforderlich, die am besten schon bei der Konstruktion der Maschine mit vorgesehen wird.

Es möge hier darauf hinzuweisen erlaubt sein, daß man nicht selten Maschinen begegnet, deren Entwurf im ganzen und in allen Einzelheiten die vortrefflich durchdachte Arbeit erfahrener Konstrukteure zeigt, und deren Ausführung in keiner Hinsicht zu wünschen übrig läßt, bei denen aber offenkundig der Anordnung der Indikatoren und ihrer Nebeneinrichtungen an denkbar bester Stelle nicht die gleiche Aufmerksamkeit zuteil geworden ist. Und doch kann diese Frage auch für den wirtschaftlichen Fortschritt eine weitgehende Bedeutung gewinnen. Jedenfalls verdient es bei der Beurteilung der Güte eines Entwurfs nicht übergangen zu werden, mit welchem Maß an Sorgfalt die Maschine der Untersuchung zugänglich gemacht worden ist. Stellenweise wird dadurch eine schätzbare Hilfe geboten, daß die Maschinenbauanstalten Hubminderungsschwingen zur Indizierung von Kolbenwegdiagrammen mitliefern oder Arbeitsflächen vorsehen, an denen solche Einrichtungen befestigt werden können. Auch die Schwierigkeiten, die der Anordnung eines umlaufenden Stromsenders, der Wahl der Antriebsstelle für den Schnurtrieb oder einer besonderen Vorrichtung für den Trommelantrieb und dem Anbauen einer Einrichtung zum Aufzeichnen von Kolbenweglinien im Zeitdiagramm entgegenstehen, ließen sich in allerbester Weise dadurch beseitigen, daß Konstrukteure und Erbauer von Kolbenmaschinen von Haus aus die Möglichkeit, solche Vorrichtungen an besonders günstigen Stellen anzubringen, eingehender Erwägung würdigten. Für eine solche Vorsorge würde ihnen besonderer Dank gebühren. Zudem wäre damit auch ihrem eigenen Vorteil gedient, sofern überhaupt Untersuchungen der hier zu besprechenden Art für die weitere Vervollkommnung der Maschinen noch schätzenswerte Aufschlüsse zu liefern versprechen. Das wird aber nur in seltenen Fällen nicht zutreffen.

Bei Verwendung eines Schnurtriebes werden also im allgemeinen nur angenäherte Kurbelwegdiagramme erhalten, und zwar sind bei richtig liegender Antriebstelle die sich ergebenden Abweichungen wesentlich von der Schnurdehnung abhängig, also je nach der Gesamtlänge des Schnurtriebes, nach der Anzahl, Art und Anordnung der Vorgelege sowie nach deren und der Trommel Trägheitsmoment verschieden groß. In vielen Fällen läßt sich ohne besondere Umständlichkeit eine so große Annäherung erzielen, daß die quantitative Auswertung der Diagramme — wenigstens soweit dabei die Genauigkeit der Trommelbewegung in Betracht kommt — brauchbare Ergebnisse liefert. Für die Deutung der Diagramme in qualitativer Hinsicht ist offenbar der Grad der Annäherung von geringerer Wichtigkeit. Alles in allem wird man daher bei der Wahl zwischen Zeit- und angenäherten Kurbelwegdiagrammen nicht selten diesen den Vorzug geben, und zwar im Hinblick darauf, daß ihre Indizierung die Verwendung eines besonderen Motors für den Trommelantrieb nicht erfordert.

Was die Bestimmung des linearen Nacheilens für angenäherte Kurbelwegdiagramme betrifft, so besteht gegenüber den vorher beschriebenen Verfahren ein Unterschied nur hinsichtlich der Feststellung der Geschwindigkeit, mit der sich das aufgespannte Blatt unter der Schleiffederspitze fortbewegt. Es bezeichne n_t die mittlere minutliche Umlaufzahl der Trommel, n die der Maschinenwelle, $y = \dfrac{n_t}{n}$ das Übersetzungsverhältnis zwischen Trommel und Maschinenwelle, u die mittlere Umfangsgeschwindigkeit des aufgespannten Blattes in mm/Sek. und L die Länge des abgewickelten Blattes in mm. Die Ermittelung des Übersetzungsverhältnisses kann einmal derartig erfolgen, daß Ortsmarken aufgezeichnet werden, und gleichzeitig die mittlere minutliche Umlaufzahl der Maschinenwelle mit Hilfe eines zuverlässigen Tachometers festgestellt wird. Es möge dabei o den Abstand zweier gleichen Ortsmarken in mm, also den während eines Umlaufs der Maschinenwelle von dem aufgespannten Blatt zurückgelegten Weg bezeichnen. Dann ergeben sich folgende Beziehungen:

$$u = \frac{L\,n_t}{60} = \frac{L\,n\,y}{60}\,; \quad y = \frac{o}{L} \quad \text{also} \quad u = \frac{n\,o}{60}\,.$$

Der Abstand o ist stets sicher zu messen, solange $n_t < n$. Ist aber die Übersetzung so gewählt, daß $n_t > n$, so können leicht Irrtümer vorkommen, und es empfiehlt sich dann, die Bestimmung mit Hilfe von Zeitmarken vorzunehmen. Es bezeichne z_m die Anzahl mehrerer Zeitmarken einer ununterbrochenen Markenreihe, i den Abstand der ersten und letzten davon in mm, gemessen auf dem abgewickelten Blatt, t_s die Periode der Stromsenderschwingung in Sek., t_l die der Periode t_s entsprechende lineare Größe in mm als arithmetisches Mittel der Markenabstände; dann erhält man folgende Gleichungen:

$$t_l = \frac{i}{z_m - 1}\,; \quad t_s = \frac{t}{a\,z} \ \text{(s. S. 21)} \quad \text{und} \quad u = \frac{t_l}{t_s}\,.$$

Will man daraus das Übersetzungsverhältnis y ermitteln, so ergibt sich in Verbindung mit der für u vorher angeschriebenen Gleichung die Beziehung:

$$y = \frac{60}{L\,n}\,\frac{t_l}{t_s}\,.$$

Das Aufzeichnen der Marken, die bei der Berührung zwischen Schleiffederspitze und Trommelmantel in den Blattausschnitten entstehen, und das Aufzeichnen von Orts- oder Zeitmarken kann nicht gleichzeitig erfolgen, wenn nur ein Markenschreibzeug zur Verwendung kommt. Man schreibt daher die beiden Markenreihen möglichst schnell nacheinander. Dabei läßt man, falls man an zweiter Stelle Zeitmarken schreibt, während des Aufzeichnens beider Markenreihen, falls man aber an zweiter Stelle Ortsmarken schreibt, nur während des Aufzeichnens der ersten Markenreihe eine Ablesung am Tachometer machen. Darnach hat man alle Werte, deren man für die Ermittelung bedarf, sofern das Übersetzungsverhältnis während des Aufzeichnens beider Markenreihen das gleiche war. Dies darf aber unbedenklich dann vorausgesetzt werden, wenn die zweite Markenreihe unmittelbar nach der ersten geschrieben wurde, und nicht etwa im Verlauf der Messung eine Störung am Schnurtrieb, beispielsweise durch Verrückung des Indikators oder eines Vorgeleges, vorgekommen ist. Bei aufmerksamer Handhabung der Versuchseinrichtungen treten aber solche Störungen nur ausnahmsweise auf und bleiben dann nicht unbemerkt; in jedem Falle schützt man sich durch eine Wiederholung der Messung sicher vor groben Fehlern.

Unter der erwähnten Voraussetzung erleidet also das Übersetzungsverhältnis innerhalb kurzer Zeitabschnitte keine merkbaren Änderungen. Es ist jedoch nicht ausgeschlossen, daß bei lange fortgesetzten Versuchen im Verlaufe mehrerer Stunden solche Änderungen durch Dehnung der Schnüre und Vergrößerung der Schlüpfung eintreten. Auch wird man oft durch Auswechselung der Vorgelegescheiben das Übersetzungsverhältnis deshalb ein oder mehrere Male ändern, weil es bei den meisten Untersuchungen erwünscht ist, mit verschiedenen Trommelgeschwindigkeiten zu arbeiten. Es empfiehlt sich daher, falls Kurbelwegdiagramme indiziert werden sollen, stets auch bei der Messung des linearen Nacheilens das Übersetzungsverhältnis zu ermitteln, selbst dann, wenn es zur Bestimmung der Winkelgeschwindigkeit der Trommel nicht bekannt zu sein braucht, wenn also an zweiter Stelle Zeitmarken aufgezeichnet werden. Für die indizierten Diagramme ergibt sich das Übersetzungsverhältnis entweder unmittelbar aus den Ortsmarken oder aus den Zeitmarken unter gleichzeitiger Beobachtung des Tachometers.

Noch bessere Dienste als ein Tachometer vermag bei solchen Untersuchungen offenbar ein empfindlicher und genau zeichnender Tachograph zu leisten, zumal wenn daran ein elektromagnetisches Markenschreibzeug zur Eintragung von Orts- und Zeitmarken angebracht wird, was ohne große Mühe und Kosten möglich ist.

IV. Versuche zur Prüfung der Indizier-Einrichtungen.

Seit Anfang des Jahres 1905 sind zahlreiche Versuche angestellt worden, um die im vorigen beschriebenen Indiziereinrichtungen auf die Genauigkeit ihrer Arbeitsweise zu prüfen. Es scheint angebracht zu sein, über einige dieser Versuche und ihre Ergebnisse zu berichten.

Das Verhalten der Schnurtriebe.

Um über die Veränderlichkeit der Schnurschlüpfung Aufschluß zu erhalten, wurde folgendermaßen vorgegangen. Die Indikatortrommel wurde unter Verwendung eines Vorgeleges von der Steuerwelle einer im Maschinen-Laboratorium vorhandenen Verbrennungsmaschine angetrieben; diese von der Firma Gebr. Körting Aktiengesellschaft in Körtingsdorf gelieferte Maschine arbeitet im Viertakt, wird z. Z. mit Leuchtgas gespeist und ergibt im Dauerbetrieb eine Höchstleistung von rund 25 PSe. Der Indikator war nicht an der Maschine angebaut, sondern an einem Versuchstisch befestigt, da es sich nur darum handelte, Orts- und Zeitmarken aufzuzeichnen. Dies geschah bei solchen Trommelgeschwindigkeiten, daß im allgemeinen drei gleiche Ortsmarken, nämlich für den zwischen Verdichtungs- und Ausdehnungshub liegenden Totpunkt erhalten wurden. Die Antriebstelle für den Schnurtrieb lag unmittelbar neben dem umlaufenden in Fig. 7 dargestellten Stromsender für Ortsmarken, und es kann daher nach den Ausführungen im vorigen Abschnitt ohne meßbare Fehler angenommen werden, daß die Lage des Querschnittes der Antriebstelle relativ zu dem durch die Befestigungsschrauben des Stromsenders bestimmten Wellenquerschnitt für diese Anordnung stets die gleiche ist. Wenn nun der Stromsender an sich genau arbeitet, so daß also der von ihm durchlaufene Drehungswinkel zwischen dem Beginn zweier Stromschlüsse immer 2π beträgt, und wenn die früher angegebenen Bedingungen erfüllt sind, unter denen das zeitliche Nacheilen des Markenschreibzeuges unveränderlich ist, so kann auch dessen lineares Nacheilen als unveränderlich gelten, falls die mittlere Winkelgeschwindigkeit der Maschinenkurbel, bezogen auf den während eines Arbeitsspieles zurückgelegten Kurbelweg, gleich bleibt. Dies aber läßt sich bei der genannten Maschine praktisch dadurch erzielen, daß man sie mit einer der Nennleistung entsprechenden unveränderlichen Belastung betreibt, was durch die Angaben eines zuverlässigen Tachometers bestätigt wird. Man ist daher in der Lage, sicher festzustellen, ob die vorher aufgezählten Voraussetzungen zutreffen — mit Ausnahme der ersten Voraussetzung hinsichtlich des Stromsenders. Nun ist aber durch eine größere Anzahl von Versuchen diese Voraussetzung als berechtigt nachgewiesen, so daß man sie mit sehr großer Wahrscheinlichkeit auch für die hier zu behandelnden Ermittelungen als zulässig betrachten darf. Darnach ist zu schließen, daß irgendwelche Abweichungen, die bei Erfüllung der vorher genannten Bedingungen die Abstände gleicher Ortsmarken voneinander zeigen, lediglich auf das Verhalten der Schnurtriebe zurückzuführen sind.

Die erwähnten Versuche haben nun ergeben, daß solche Abweichungen der Abstände gleicher Ortsmarken voneinander sich im allgemeinen zwischen 0 und 0,5 v. H. des arithmetischen Mittels der Abstände bewegen. Beispielsweise folgen hier einige nähere Angaben über einen dieser Versuche. Die Antriebstelle für den Schnurtrieb lag etwa 100 mm von dem umlaufenden Stromsender für Ortsmarken entfernt, und zwar lief die erste Schnur einerseits auf der glatten Steuerwelle, anderseits auf der großen Rolle des Vorgeleges; ihre Gesamtlänge betrug etwa 3000 mm. Eine zweite Schnur von etwa 2000 mm Gesamtlänge lief einerseits auf der kleinen Rolle des Vorgeleges, anderseits auf der Schnurrille der Indikatortrommel-Nabe. Beide Schnüre hatten eine Stärke von rund 2,5 mm. Die vier Laufstellen hatten folgende Durchmesser von Mitte zu Mitte Schnur.

Steuerwelle . . . . Durchm. $= 55$ mm

Vorgelege $\begin{cases} \text{große Rolle} \dots \dots \quad - \quad = 104 \ - \\ \text{kleine Rolle} \dots \dots \quad - \quad = 37 \ - \end{cases}$

Schnurrille der Trommelnabe . . .   - $= 53$ - .

Darnach würde das Übersetzungsverhältnis zwischen Trommel und Steuerwelle, wenn die Schnüre ohne Schlüpfung liefen,

$$y_t = \frac{n_t}{n} = \frac{37}{53} \cdot \frac{55}{104} = 0{,}37$$

betragen.

Es wurden 16 Blätter beschrieben; auf Nr. 8, 10, 11, 12 wurden je 2 Reihen Ortsmarken aufgezeichnet, auf den übrigen je eine Reihe Ortsmarken und eine Reihe Zeitmarken, und jede von jenen enthielt drei Ortsmarken. Darnach wurden für den Abstand gleicher Ortmarken voneinander 40 Werte erhalten und zwar

$$
\begin{array}{rl}
7 \text{ mal} \ . \ . \ . \ . \ . & 90{,}4 \text{ mm} \\
6 \ - \ \ . \ . \ . \ . \ . & 90{,}5 \ - \\
10 \ - \ \ . \ . \ . \ . \ . & 90{,}6 \ - \\
7 \ - \ \ . \ . \ . \ . \ . & 90{,}7 \ - \\
7 \ - \ \ . \ . \ . \ . \ . & 90{,}8 \ - \\
1 \ - \ \ . \ . \ . \ . \ . & 90{,}9 \ - \\
2 \ - \ \ . \ . \ . \ . \ . & 91{,}0 \ - .
\end{array}
$$

Die Abweichung des Mittelwertes 90,63 vom Höchstwert 91,0 beträgt 0,4 v. H. des Mittelwertes.

Fig. 28 zeigt die photographische Wiedergabe der Diagramme Nr. 1, 8 und 16 dieses Versuches. Hinsichtlich der Zeitmarken ist zu bemerken, daß die Periode der Stromsender-Schwingung jedesmal nach Beschreibung zweier Blätter mittels des Schaltwerkes bestimmt wurde, wobei alle Zählungen $t_s = 0{,}077$ Sek. ergaben. Auf Blatt Nr. 1 ist $t_l = 10{,}6$ mm entsprechend einer mittleren minutlichen Umlaufzahl von rund 182. Diese wurden bis nach Entnahme von Blatt Nr. 6 nahezu unverändert erhalten. Von da an stieg die Umlaufzahl langsam auf rund 192. Dem entspricht annähernd $t_l = 11{,}1$ mm auf Blatt Nr. 16. Zur Erklärung diene, daß die Maschine bisher noch nicht mittels eines Bremszaumes belastet werden konnte. Ihre Belastung erfolgt vielmehr mittels einer von ihr durch Riemen angetriebenen Dynamo, die ihren Strom in das Netz des Kraftwerkes sendet. Die Belastung kann dabei nur dadurch unveränderlich erhalten werden, daß an der Schalttafel der Dynamo die Spannung stets nachgeregelt wird. Dies ist bei diesen Versuchen aber unterlassen worden, da Geschwindigkeitsänderungen dafür offenbar belanglos sind, wenn sie so allmählich verlaufen, daß die mittlere minutliche Umlaufzahl während der Beschreibung der einzelnen Blätter als unveränderlich angesehen werden kann. Denn die Umlaufzahl an sich ist hier ja nur für die Größe des linearen Nacheilens von Bedeutung, das für die bei diesem Versuch aufgezeichneten Ortsmarken etwa 1 mm beträgt. Es würde also selbst eine plötzliche Änderung der Umlaufzahl um 5 v. H. des augenblicklichen Betrages eine Änderung des linearen Nacheilens von nur 0,05 mm ausmachen,

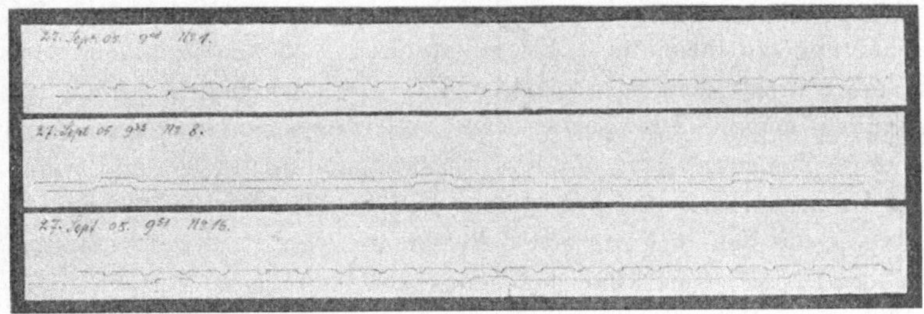

Fig. 28.

eine Abweichung, die gegenüber dem Mittelwert der Ortsmarken-Abstände von 90,63 mm als verschwindend gelten kann. Aus den angegebenen Werten für t_l und t_s folgt als Umfangsgeschwindigkeit des aufgespannten Blattes für Nr. 1: $u = \dfrac{10,6}{0,077}$ rund 138 mm/Sek.

und für Nr. 16: $u = \dfrac{11,1}{0,077}$ rund 144 mm/Sek.

Aus dem Mittelwerte $o = 90,6$ ergibt sich als Übersetzungsverhältnis zwischen Trommel und Steuerwelle $y_w = \dfrac{90,6}{252} = 0,36$ gegenüber dem vorher berechneten $y_t = 0,37$.

Ferner geht noch aus den Versuchen dieser Art hervor, daß der durch o und L bestimmte Mittelwert des Übersetzungsverhältnisses sich innerhalb einer Versuchsdauer von etwa $1^1/_2$ Stunden nicht meßbar ändert; auf längere Zeiten sind diese Versuche nicht ausgedehnt worden.

Die Abweichungen, die sich zwischen den einzelnen Werten der Abstände o ergeben, rühren von Änderungen der Schlüpfung oder der Schnurdehnung oder von beiden Ursachen her — ein anderer Schluß scheint nicht übrig zu sein. Infolge der periodischen Geschwindigkeitsänderungen der Maschinenkurbel und der damit verbundenen Getriebeteile ändert sich die Spannung im gezogenen Faden der Schnurtriebe und damit auch die Schlüpfung. Nun läßt sich einwenden, daß im Beharrungszustande der Maschine der Verlauf dieser Spannungs- und Schlüpfungsänderungen für die einzelnen Arbeitsspiele der gleiche sein müsse, daß dadurch also eine Änderung der Abstände o, deren jeder doch den während eines Arbeitsspieles zurückgelegten Kurbelweg darstellt, nicht bedingt zu sein brauche. Dabei ist aber noch eine andere Erscheinung zu beachten. Es zeigt sich, daß das Schlagen der Schnüre nicht ganz zu vermeiden ist, wie stark man sie auch anspannen möge. Die periodische Änderung der Geschwindigkeit und im Zusammenhang damit die der Spannung ist jedenfalls eine der Ursachen, die dies bewirken. Die dabei auftretenden Schwingungen, die sich in Form von Schwebungen von durchweg veränderlicher Dauer bemerkbar machen, sind in ihrem Verlauf nicht allein von der Ungleichförmigkeit der Maschinenbewegung, sondern auch von der Länge und Stärke der Schnur abhängig und beeinflussen ihrerseits wieder den Verlauf der Änderungen der Schnurspannung. Im übrigen ist nicht ausgeschlossen, daß auch Ungleichmäßigkeiten im Drall der Schnüre von Einfluß auf die Schwingungen der Schnüre sind.

Beim Indizieren von Zeitdiagrammen, wenn also die Indikatortrommel durch den besonderen Motor angetrieben wird, scheinen die Schnüre allgemein weniger zu Schwingungen zu neigen, und es scheint dabei auch, nach dem Ergebnis später zu besprechender Versuche zu schließen, die Veränderlichkeit der Schnurschlüpfung geringer zu sein. Inwieweit ein Zusammenhang dieser Erscheinungen vorhanden ist, läßt sich aber bis jetzt schwer sagen, da man bei dem Versuch der Ermittelung in der Regel nur sehr kleinen und schwer meßbaren Größen begegnet und in Anbetracht dieses Umstandes der bisher durch die Versuche beigebrachte Stoff noch bei weitem nicht als hinlänglich betrachtet werden darf, um sichere

Schlüsse hinsichtlich der Eigenart solcher verwickelten Erscheinungen zu ermöglichen.

Hinsichtlich der Behandlung und Instandhaltung der Schnurtriebe mögen hier noch folgende Bemerkungen eingefügt werden. Es empfiehlt sich, darauf zu achten, daß trockene Schnüre während des Betriebes nicht stellenweise durch größere Mengen Schmieröles benetzt werden, weil dadurch eine größere Ungleichmäßigkeit der Schlüpfung verursacht werden kann. Falls es nicht zu vermeiden ist, daß Schmieröl in kleinen Tropfen hier und da auf die Schnüre spritzt, tut man gut, die Schnüre vorher mit Öl gleichmäßig zu tränken und sie dann mit Putzleinen so lange abzureiben, bis sie nur noch wenig fettig erscheinen. Alsdann sind kleine Mengen neu hinzukommenden Schmieröls von keinem nennenswerten Einfluß auf die Gleichmäßigkeit der Schlüpfung. Unzulässig ist es, die Schnüre etwa mit Kolophoniumstaub einzureiben, um bei gleicher Spannung eine stärkere Reibung zu erzeugen. Denn die Schnüre neigen dann dazu, auf trockenen Scheiben sprungweise zu schlüpfen, wodurch Änderungen der Trommelgeschwindigkeit verursacht werden können, die im Vergleich zu der sonstigen Ungleichförmigkeit der Bewegung beträchtlich sind.

Bei sorgsamer Anordnung und Instandhaltung aller Einzelheiten lassen sich also, soviel aus den bisher angestellten Versuchen hervorgeht, Abweichungen der einzelnen Abstände o von mehr als 0,5 v. H ihres Mittelwertes vermeiden. Dies ist indessen für die Gewinnung genauer Kurbelwegdiagramme unzureichend. Hierfür können also bis jetzt, wie schon früher angedeutet wurde, Schnurtriebe nicht als geeignet angesehen werden und wären durch andere Übertragungsmittel von größerer Starrheit zu ersetzen.

Die Messung des linearen Nacheilens; das Verhalten des Stromsenders für Ortsmarken.

Das Nacheilen des Markenschreibzeuges läßt sich unmittelbar bestimmen, wenn man Diagramme indiziert, die über irgendwelche Kurbel- oder Kolbenstellungen ohne weiteres zuverlässige Angaben zu liefern vermögen. Mit einer hierzu dienenden Einrichtung ist, wie Fig. 29 zeigt, die vorher genannte Verbrennungsmaschine versehen. Der für die Indizierung von Kolbenwegdiagrammen daran vorgesehene Hubminderer, der in der mechanischen Werkstatt des

Laboratoriums hergestellt wurde, besteht aus einem Schubkurbel-
getriebe, das dem der Maschine ähnlich und parallel ist, und
dessen Geradführung durch eine in Bronzebüchsen gleitende Rundstange gebildet wird. Diese ist von solcher Länge, daß der an
ihrem Ende sitzende Schnurhaken dem zur Indizierung von
Kolbenwegdiagrammen dienenden Indikator so nahe gebracht ist,
wie dies nur möglich war, wodurch die Schnurlänge und damit
auch die Schnurdehnungsfehler auf das erreichbar geringste Maß

Fig. 29.

beschränkt werden. Für den hier zu besprechenden Versuch ist
an der Rundstange ein Mitnehmer befestigt, mit dem der Schreibstift eines Ventilhub-Indikators verbunden werden kann. Man
erhält also, wenn dessen Trommel gleichförmig gedreht wird,
wt-Diagramme, nämlich den Weg des Maschinenkolbens als Funktion
der Zeit, aus denen man die Totpunktlagen ermitteln kann. Hat
man nun den Stromsender für Ortsmarken so eingestellt, daß er
in den Totpunkten oder in einem davon den Stromkreis schließt,
so ist durch den Abstand der Ortsmarken von den Totpunkt-
Ordinaten des Diagramms das lineare Nacheilen für die Umfangs-

geschwindigkeit gegeben, mit der das aufgespannte Blatt während des Indizierens bewegt wurde. Dies gilt für den Fall, daß der Schreibstift des Markenschreibzeuges mit dem des Indikatorschreibzeuges auf eine gemeinsame Ordinate einspielt. Sonst ist der Abstand der durch die beiden Schreibstifte bestimmten Ordinaten in die Ermittelung einzuführen. Man kann dann an demselben Indikator auch mittels der in Fig. 12 dargestellten Einrichtung auf einem mit Ausschnitten versehenen Blatte Messungen anstellen und die Ergebnisse mit den aus dem wt-Diagramm erhaltenen vergleichen.

Eins der mit dieser Einrichtung indizierten Diagramme zeigt die photographische Wiedergabe in Fig. 30. Zunächst wurden bei stillstehender Trommel beide Schreibstifte angedrückt, während der Stromsender für Ortsmarken in Tätigkeit war. Dabei zeichnete das Indikatorschreibzeug die Ordinate O_1, das Markenschreibzeug die Marke z, durch deren Abstand von O_1 die relative Lage beider Schreibstifte bestimmt ist. Darauf wurden bei umlaufender Trommel während des Indizierens Totpunktmarken geschrieben und darunter gleich nachher mehrere Zeitmarken. Nach den auf dem Blatt angegebenen Werten von t_s und t_l, von denen jener durch Zählung am Schaltwerk ermittelt wurde, folgt für die Umfangsgeschwindigkeit des aufgespannten Blattes während des Indizierens $u_1 = 444$ mm/Sek. Im Diagramm wurden nahe dem unteren Richtungswechsel der Schreibstiftbewegung die Geraden AB parallel zur Abszisse gezogen, auf denen durch die Linienzüge des Diagramms die Strecken m abgeschnitten werden; durch die Halbierungspunkte von m wurden Ordinaten O_2 parallel zu O_1 gezogen und als Totpunktordinaten betrachtet. Durch Abtragen des Abstandes x ergaben sich darnach die Abstände r_1, r_2, r_3, die keine mittels des Zirkels festzustellenden Abweichungen voneinander zeigen und je 2,3 mm messen. Daraus ergibt sich also ein lineares Nacheilen von 2,3 mm für eine Umfangsgeschwindigkeit von 444 mm/Sek. Die Figur zeigt unterhalb des Diagramms das Ergebnis der während desselben Versuches mittels der Schleiffeder angestellten Messung. Die Umfangsgeschwindigkeit des aufgespannten Blattes war dabei $u_2 = \dfrac{34,7}{0,077} = 451$ mm/Sek. Die in der früher beschriebenen Weise erhaltenen Abstände zeigen außer $r_3{}'$ keine mittels des Zirkels festzustellende Abweichung voneinander; $r_3{}'$ ist um ein geringes kleiner als die übrigen Abstände r

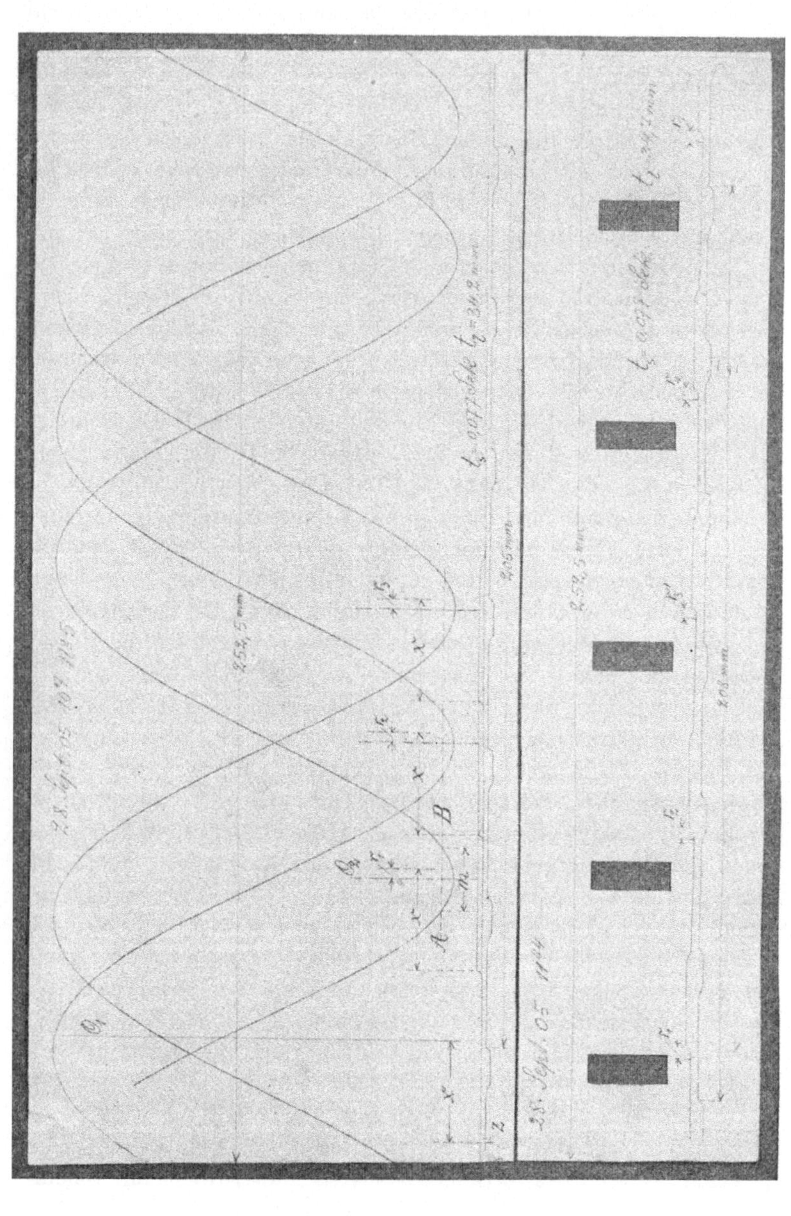

Fig. 30.

und wurde als fehlerhaft ganz ausgeschieden. Darnach ergibt sich ein lineares Nacheilen von 2,7 mm für eine Umfangsgeschwindigkeit von 451 mm/Sek. Sieht man von einer Reduktion nach dem Verhältnis der nur wenig voneinander verschiedenen Umfangsgeschwindigkeiten u_1 und u_2 ab, so folgt also aus dem Vergleich beider Messungen, daß die letzte mit Hilfe der Schleiffeder angestellte für r einen um 0,4 mm zu großen Wert bei rund 450 mm/Sek. Umfangsgeschwindigkeit ergeben hat. Die relative Bedeutung dieser Fehlergröße für den Abstand zweier Ortsmarken im Diagramm ist darnach leicht zu ermitteln; offenbar wächst sie unter sonst gleichen Verhältnissen mit der Anzahl der in der Zeiteinheit aufzuzeichnenden Ortsmarken. Angenommen z. B., es seien Kurbelwegdiagramme an einer Maschine zu indizieren, deren mittlere minutliche Umlaufzahl 120 betrage, und es sollen für beide Totpunkte Marken eingezeichnet werden. Bei einer Umfangsgeschwindigkeit des aufgespannten Blattes von 450 mm/Sek. beträgt dann der mittlere Abstand zweier aufeinander folgenden Totpunktmarken, der den von der Kurbel während eines halben Umlaufes zurückgelegten Weg darstellt, 112,5 mm. Werden nun die Totpunktordinaten nach einem um 0,5 mm fehlerhaft gemessenen linearen Nacheilen eingezeichnet, so beträgt deren Abweichung von der richtigen Lage etwas weniger als 0,5 v. H. des einem halben Umlauf entsprechenden Kolbenweges.

Vermutlich entsteht die Abweichung dadurch, daß die Schleiffeder beim Abgleiten von den Vorderkanten der Ausschnitte nicht unmittelbar auf den durch diese bestimmten Ordinaten den Trommelmantel berührt, sondern in einem Abstande davon, der um so größer wird, je stärker das verwendete Papier, je geringer die Spannung, mit der die Schleiffeder gegen das Blatt drückt, und je größer die Winkelgeschwindigkeit der Trommel. Versuche zur Aufklärung dieser Ursachen sind noch nicht angestellt worden. Falls die genannte Vermutung als zutreffend nachgewiesen würde, ließen sich die Verhältnisse ohne besondere Schwierigkeiten so wählen, daß das Verhältnis des Fehlers zur Winkelgeschwindigkeit der Trommel gleich bliebe, wonach eine Korrektion leicht möglich wäre.

Man könnte noch vermuten, daß ein anderer Fehler möglicherweise durch Zustandsänderungen am Stromsender, etwa infolge von Abnützung der stromschließenden Flächen, entstehe. Derartiges hat sich aber bisher selbst bei verhältnismäßig langer Versuchsdauer nicht gezeigt.

Der Stromsender für Zeitmarken.

Die Abweichungen, die sich zwischen den einzelnen Werten der Zeitmarkenintervalle durch Zählung am Schaltwerk, Fig. 13, ergeben, sind offenbar teils auf Unregelmäßigkeiten der Arbeitsweise des Stromsenders, teils auf persönliche Fehler zurückzuführen. Aufschlüsse darüber, mit welchen Fehlergrößen in dieser Hinsicht bei der Auswertung indizierter Diagramme zu rechnen ist, können aus einer größeren Reihe solcher Zählungen gewonnen werden, die zwei oder mehrere Beobachter gleichzeitig vornehmen. Die folgende Tafel z. B. zeigt die Zusammenstellung dreier Versuche dieser Art, bei denen je zwei Beobachter, A und B, die Zählung am Schaltwerk gleichzeitig vornahmen. Nach den Versuchen 1 und 2 wurde die den Stromschluß bewirkende Stellschraube des Stromsenders etwas zurückgedreht, um größere Schwingungsperioden zu erhalten, worauf unmittelbar die nächste Messung folgte. Bei jeder einzelnen Zählung wurde mit Hilfe von Chronoskopen die Zeit von 10 Umläufen des Steigrades festgestellt, die je 600 Schwingungen des Stromsenders entspricht, da das Steigrad 60 Zähne hat. Die Abteilung b der Tafel enthält die an den Chronoskopen abgelesenen Zeiten in Sekunden, die Abteilung m die Mittelwerte der jeweilig darüber stehenden 5 Ablesungen eines Versuches. Die Abteilung d zeigt das Verhältnis des Unterschiedes zwischen dem Mittelwert und der am meisten von ihm abweichenden Einzelablesung zum Mittelwert, und in der Abteilung t_s sind die den Mittelwerten entsprechenden Schwingungsperioden in Sekunden angegeben.

	1		2		3	
	A	B	A	B	A	B
b	46,4	46,2	62,4	62,6	89,0	88,8
	46,2	46,2	62,4	62,4	88,8	88,8
	46,4	46,2	62,2	62,4	89,2	89,0
	46,2	46,2	62,4	62,4	89,0	88,8
	46,2	46,2	62,4	62,4	89,0	88,8
m	46,28	46,20	62,36	62,47	89,00	88,83
d	0,003	0	0,003	0,003	0,002	0,002
t_s	0,077	0,077	0,104	0,104	0,148	0,148

Der Einfluß der persönlichen Fehler auf das Ergebnis wird ersichtlich desto geringer, je größer die Anzahl der Steigradumläufe, auf die man die Messung ausdehnt. Hierbei kommt man allerdings bald dahin, daß mehrere Messungen nacheinander einen unliebsam großen Zeitaufwand kosten. Ist man aber bei der Untersuchung einer Maschine hinsichtlich der Hilfskräfte nicht allzusehr eingeschränkt, so fällt dieser Übelstand nicht wesentlich ins Gewicht. Es wird dann zweckmäßig so vorgegangen, daß ein besonderer Beobachter immer in der zwischen den einzelnen Indizierungen zur Verfügung stehenden Zeit derartige Zählungen am Schaltwerk durchführt.

Eine entschieden größere Schwierigkeit liegt darin, daß die Beobachtung des Schaltwerks keinen Aufschluß darüber zu liefern vermag, um wieviel die Perioden der einzelnen Stromsenderschwingungen voneinander abweichen. Ergäbe sich aus einer großen Zahl aufgezeichneter Zeitmarkenreihen, daß alle Abstände der Zeitmarken gleiche Größe hätten, so könnte beides als nachgewiesen gelten, vollkommene Gleichförmigkeit der Trommelbewegung und vollkommene Gleichheit der Perioden der Stromsenderschwingungen. Denn wäre nur entweder jene oder diese vorhanden, so könnten sich keine gleichen Abstände ergeben, und wäre weder jene noch diese vorhanden, so könnten die gleichen Abstände nur dadurch herausgekommen sein, daß sich die Ungleichförmigkeit der Trommelbewegung und die der Arbeitsweise des Stromsenders im Diagramm an allen Stellen gerade ausgeglichen hätten, und dafür wäre die Wahrscheinlichkeit gleich Null. Es haben sich unter der großen Zahl der mit den beschriebenen Einrichtungen indizierten Diagramme hier und da solche ergeben, auf denen in einer aus fünf oder sechs Zeitmarken bestehenden Markenreihe, die sich über einen Trommelumlauf erstreckte, die Abstände der Zeitmarken keine mittels des Zirkels feststellbaren Abweichungen voneinander zeigten. Diese Fälle waren aber selten, und es wurden niemals zwei solcher Diagramme nacheinander erhalten. Im allgemeinen weichen alle aufeinander folgenden Abstände mehr oder minder voneinander ab.

Bei der Benutzung der bisher geschaffenen Einrichtungen kann daher für die Auswertung der indizierten Diagramme auf jeden Fall nur von einer mittleren Umfangsgeschwindigkeit des aufgespannten Blattes die Rede sein, und es fragt sich, mit welchen

Fehlergrößen man bei deren Ermittlung zu rechnen hat. Diese sind offenbar bedingt durch die bei der Abzählung am Schaltwerk begangenen Fehler oder durch die Unregelmäßigkeit in der Arbeitsweise des Stromsenders oder durch die Ungleichmäßigkeit der Trommelbewegung beziehungsweise durch das Zusammenwirken dieser Umstände oder zweier davon und lassen sich unter gewissen Bedingungen nur insgesamt feststellen. Aus den hierüber angestellten Untersuchungen geht hervor, daß sich Fehler von mehr als 0,5 v. H. vermeiden lassen, wenn man die Verhältnisse so wählt, daß man den mittleren Abstand der Zeitmarken aus einer größeren Markenzahl bestimmen kann. Die Ergebnisse eines solchen Versuches sind beispielsweise hierunter zusammengestellt. Die Umlaufzahl des in Fig. 20 dargestellten Motors wurde unter Beobachtung des damit verbundenen empfindlichen Tachometers vermittelst der Hilfsbremse unveränderlich erhalten, soweit dies überhaupt erreicht werden kann. Das Tachometer ist ein von der Tachometer-Gesellschaft Freiburg geliefertes Instrument für drei durch Einstellung beliebig zu wählende Stufen von 100 bis 400, von 300 bis 1200 und von 1000 bis 4000 minutlichen Umläufen. Eine Eichung des Instrumentes konnte bisher vom Verfasser nicht vorgenommen werden, weil es an zuverlässigen Mitteln hierzu fehlte. Benutzt wurde die mittlere Stufe, deren Teilstriche für je 10 Minutenumläufe einen Abstand von etwa 1,25 mm haben, so daß eine Geschwindigkeitsänderung von einem minutlichen Umlauf noch ziemlich sicher geschätzt werden kann. Die Geschwindigkeit des Motors wurde auf 900 Minutenumläufen erhalten, so daß die Zeigerausschläge geringer waren, als einem Unterschied von $1^1/_2$ Minutenumläufen entspricht. Danach darf mit einem Ungleichförmigkeitsgrad des Motors von 1 : 600 sicher gerechnet werden. Die Umlaufzahl der Indikatortrommel wurde mit Hilfe eines Tachoskops bestimmt und betrug 305 in der Minute. Dem entspricht eine mittlere Umfangsgeschwindigkeit des aufgespannten Blattes von 1281 mm/Sek. Bei der genannten Umlaufzahl des Motors wurden nacheinander 10 Blätter mittels des Markenschreibzeuges beschrieben, das immer nur kurz angedrückt wurde; der Stromsender war so eingeregelt, daß er während eines Trommelumlaufes etwas mehr als drei Schwingungen vollführte. So wurden auf jedem Blatt zwei bequem meßbare Markenabstände erhalten. Die Ausmessung ergab folgende Werte in mm:

112,0	112,8	112,5	114,0	113,8
112,0	112,8	112,0	113,7	114,0
113,0	113,8	113,0	112,8	113,7
112,8	113,0	113,0	113,6	113,6

Das arithmetische Mittel dieser 20 Werte ist 113,1. Vier Zählungen am Schaltwerk ergaben: 10 Umläufe des Steigrades in 52,4, 52,6, 52,6, 52,8 Sek., also im Mittel: 10 Umläufe in 52,6 Sek. Daraus folgt eine mittlere Periode von $\frac{52,6}{600} = 0,0877$ Sek. Und dies ergibt für die mittlere Umfangsgeschwindigkeit des aufgespannten Blattes $u = \frac{113,1}{0,0877} = 1290$ mm/Sek. Die Abweichung gegenüber dem mittels des Tachoskops bestimmten Werte von 1281 mm/Sek. beträgt 9 mm/Sek. und bedeutet einen Fehler von 0,7 v. H. des aus den Zeitmarkenabständen berechneten Wertes. Ersichtlich ist, daß das Ergebnis viel ungenauer werden kann, wenn nicht das Mittel der Zeitmarkenabstände, sondern deren Einzelwerte eingeführt werden. Die Abweichung des Mittelwertes 113,1 von dem am meisten davon verschiedenen Einzelwert 112 beträgt nahezu 1 v. H. des Mittelwertes, und der Unterschied zwischen dem größten und kleinsten Wert rund 1,8 v. H. dieses letzten. Ersichtlich ist, daß aus einem einzelnen Versuch dieser Art noch nicht mit Sicherheit auf die Fehlergrenze geschlossen werden kann. Aus einer Reihe von Beobachtungen, die bei Gelegenheit anderer Untersuchungen angestellt wurden, scheint hervorzugehen, daß die Messung der mittleren Umfangsgeschwindigkeit mittels des Tachoskops auch nicht ganz zuverlässig sein dürfte. Infolge des Druckes, mit dem das Tachoskop angesetzt werden muß, wird die Reibung zwischen Trommelnabe und Trommelachse — wenn auch nur um ein geringes — vergrößert. Wahrscheinlich nimmt dabei die Schnurschlüpfung etwas zu. Bestimmt man die Umfangsgeschwindigkeit der Trommel einmal mittels des Tachoskops und unter sonst gleichen Verhältnissen ein anderes Mal durch Abzählen der Trommelumläufe unter Zuhilfenahme des Chronoskops, so ergibt diese letzte Messung fast durchweg einen etwas größeren Wert. Eine sichere Abzählung der Trommelumläufe ist allerdings nur bei verhältnismäßig geringer Umfangsgeschwindigkeit möglich. Immerhin darf man annehmen, daß das

Tachoskop Werte liefert, die etwas zu klein sind, und dementsprechend vermindert sich dann die Abweichung des aus den
Zeitmarkenabständen berechneten Mittelwertes von dem wahren
Werte. Im allgemeinen wird die Bestimmung der Fehlergrenzen
um so schwieriger und unsicherer, je größer die Umfangsgeschwindigkeit der Trommel ist. Bei Umfangsgeschwindigkeiten bis zu
600 mm/Sek. läßt sich die Umlaufzahl noch sicher durch bloßes
Abzählen feststellen, und dies scheint unter den bisher benutzten
Mitteln noch das beste zu sein, das zur Ermittelung der Fehlergrenze angewandt werden kann.

Zur Erzielung möglichst großer Genauigkeit bei der Auswertung einzelner Diagramme wird man also stets darauf ausgehen
müssen, eine größere Anzahl von Zeitmarken, mindestens etwa 5
bis 6, auf ein Blatt zu bekommen. Die Rücksicht auf eine besonders
bequeme und entsprechend zuverlässige Auswertung macht es
daher hinsichtlich der weiteren Verbesserung der Einrichtungen
erwünscht, mit der Umlaufgeschwindigkeit der Trommel auch die
Schwingungszahl des Stromsenders steigen zu lassen, damit während
eines Trommelumlaufes eine genügende Anzahl von Zeitmarken
erhalten werden. Leider sind in dieser Hinsicht bei den vorhandenen Einrichtungen ziemlich enge Grenzen gezogen. Auf
weniger als 0,075 Sek. kann die mittlere Periode der Stromsenderschwingungen nicht gut eingestellt werden, weil dann das Markenschreibzeug den kurzen Stromstößen nicht mehr sicher folgt und
unzuverlässig zu arbeiten beginnt. Bei lang ausgezogenen Zeitmarken werden zudem die Ecken unscharf, wodurch die Ausmessung der Abstände erschwert wird. Die Umfangsgeschwindigkeit
der Trommel kann danach nicht gut über 1500 mm/Sek. gesteigert
werden, falls zu ihrer Bestimmung das bequeme Mittel der Aufzeichnung von Zeitmarken benutzt werden soll. Für $t_s = 0{,}08$ Sek.
erhält man dabei einen mittleren Zeitmarkenabstand von $t_l =$
120 mm. Da für einen Trommeldurchmesser von 80 mm die Länge
des abgenommenen Blattes rund 252 mm beträgt, so erhält man
auf 3 Trommelumläufe 6 Zeitmarken in zwei Gruppen, deren jede
3 im Mittel um 12 mm voneinander abstehende Marken enthält.
Zur Ausmessung der in die Ermittelung einzuführenden Abstände muß man dabei teilweise von den Enden des Diagrammblattes ausgehen, was allerdings eine gewisse Unbequemlichkeit
bereitet.

Der zuerst ausgeführte Stromsender nach Fig. 10 arbeitete infolge des Umstandes nicht sehr genau, daß die Lagerung der Schneiden des Wagebalkens zu wünschen übrig ließ. Auch eine zweite, wesentlich sorgfältigere Ausführung bedeutete zunächst keinen merkbaren Fortschritt. Als dann aber daran die den Stromschluß bewirkende Feder durch Abschleifen geschwächt wurde, erwies sich dies gleich als eine erhebliche Verbesserung. Ist diese Feder zu stark, so werden die auf den Wagebalken wirkenden Horizontalkomponenten so groß, daß sie einen störungsfreien Gang der Schneiden in ihren Pfannen gefährden.

Es kommt deshalb in Betracht, diese Konstruktion mit einer auf Schneiden gehenden Schwinge ganz zu verlassen und eine rein federnde Aufhängung zu verwenden. Möglicherweise setzt sich dann aber der Stromsender nach Schließung des Stromkreises durch den Schalter 6, Fig. 25, nicht von selbst in Bewegung; die Handhabung der Geräte beim Indizieren wäre in dem Falle weit weniger bequem.

Alles in allem sind hinsichtlich der hier besprochenen Verhältnisse noch ganz bedeutende Verbesserungen möglich und anzustreben. Für eine große Zahl technischer Untersuchungen mag die Arbeitsweise der beschriebenen Einrichtungen wohl jetzt schon als hinreichend genau angesehen werden können, für Versuche zum Zwecke wissenschaftlicher Forschungen bedürfen sie aber entschieden einer weiteren Vervollkommnung. Daß bestimmte Aussichten vorhanden sind, eine solche zu erzielen, kann nach den bisher gemachten Erfahrungen wohl nicht verkannt werden.

Der Motor zum Antrieb der Trommel.

Genaue Untersuchungen über das Verhalten der bisher ausgeführten Motorentwürfe konnten wegen Mangels an geeigneten Untersuchungsmitteln noch nicht angestellt werden. Allgemein geht aus den vielfachen und lange fortgesetzten Beobachtungen etwa folgendes hervor.

Die mittlere Winkelgeschwindigkeit des Motors Fig. 18 bleibt recht gut konstant, wenn die zum Betriebe erforderliche Preßluft aus einem größeren Behälter entnommen wird, so daß mit dessen Hilfe die Spannung der Preßluft annähernd gleichbleibend erhalten werden kann. Die periodische Ungleichförmigkeit dieses Motors ist aber, wie an dem Zittern des Tachometerzeigers erkannt wird, entsprechend der geringeren Schwungmasse etwas größer als die des Motors Fig. 20. Dieser gewährt infolge des elektromotorischen Antriebes auch eine entschieden größere Bequemlichkeit in der Verwendung als jener. Die periodische Ungleichförmigkeit seines Ganges darf wohl als genügend klein gelten, auch für genaue Untersuchungen. Bei Verwendung von Schnurtrieben ist offenbar auch wesentlich durch deren Verhalten der Steigerung der Gleichförmigkeit der Trommel eine Schranke gesetzt, so daß eine Vermehrung der Gleichförmigkeit des Motors darüber hinaus einen wesentlichen Nutzen nur dann verspräche, wenn gleichzeitig statt der Schnurtriebe ein Übertragungsmittel von größerer Starrheit verwendet würde. Es erscheint jedoch zunächst noch fraglich, ob dadurch nicht die Einfachheit der Einrichtungen und die Bequemlichkeit ihrer Handhabung vermindert werden würde. Die Regelung des Motors, Fig. 20, läßt noch zu wünschen übrig, und zwar aller Wahrscheinlichkeit nach infolge der Ausführungsmängel, die im Abschnitt II erwähnt worden sind. So zeigt sich vor allem dann, wenn die Spannung der Stromquelle schwankt, eine Änderung der mittleren Winkelgeschwindigkeit des Motors, die zwar genügend allmählich verläuft, um die Genauigkeit des einzelnen Diagramms nicht zu gefährden, deren Einschränkung aber immerhin als sehr wünschenswert erscheint. Denn der Gebrauch der Einrichtungen und die Auswertung der Diagramme gestaltet sich ganz wesentlich bequemer, wenn die mittlere Winkelgeschwindigkeit des Motors sich während langer Versuchszeiten so wenig ändert, daß die Abweichungen vernachlässigt werden können. Dies ist bis jetzt nicht ohne weiteres Zutun zu erreichen gewesen; es muß vielmehr bei schwankender Stromspannung von Zeit zu Zeit eine Einregelung mittels der Hilfsbremse erfolgen. Dadurch wird die Aufmerksamkeit des Indizierenden immerhin merkbar, wenn auch nicht beträchtlich, stärker in Anspruch genommen. Offenbar liegt der Gedanke nahe, der Gleichförmigkeit der Trommelbewegung weniger Beachtung zu schenken, dafür aber eine Einrichtung anzubringen, mit der sehr genaue Zeitmarken aufgezeichnet werden können, und zwar mit hoher Frequenz, so daß man auch bei hoher Umfangsgeschwindigkeit auf einem Trommelumlauf noch eine große Zahl solcher Marken erhielte. Das würde etwa mittels einer elektrisch erregten

Stimmgabel zu erzielen sein. Die richtige Ausbildung eines solchen Gerätes und seine Anpassung an den Indikator ist aber, wie es scheint, eine recht schwierige Aufgabe. Die Aufzeichnung der Sinoiden erfolgt gewöhnlich auf einer berußten Schreibfläche, um den Reibungswiderstand sehr klein zu halten. Das würde hier nicht angehen; die Stimmgabel müßte vielmehr mit einem auf dem gewöhnlichen Papier deutlich zeichnenden Graphit- oder Metall-schreibstift versehen werden und würde dann recht schwer und unhandlich werden. Auch wäre eine Veränderung der Schwingungs-zahl nicht leicht zu erreichen, so daß für geringe Trommel-geschwindigkeiten, mit denen man ja auch dann und wann zu indizieren wünscht, ein langsam arbeitender Stromsender doch nicht entbehrt werden könnte. Die Einrichtungen würden also verwickelter und unter Umständen erheblich teurer. Freilich würde das, da sie in solcher Form wohl nur für wissenschaftliche For-schungen zur Verwendung kämen, nicht allzu schwer wiegen, denn dafür kann der im einzelnen zu machende Aufwand nicht leicht zu groß werden.

Im übrigen wird es für eine große Zahl technischer Unter-suchungen vielleicht genügen, einen einfacheren Motor in der Weise zu beschaffen, daß man den Elektromotor mit der Welle eines verhältnismäßig schweren Schwungrades durch eine nachgiebige Kuppelung verbindet, die selbsttätige Regelung aber ganz weg-fallen läßt und die Geschwindigkeit mittels einer von Hand zu bedienenden Hilfsbremse oder einer ähnlichen Vorrichtung ein-regelt.

V. Die Auswertung der Diagramme.

Die Auswertung der auf umlaufender Trommel indizierten Diagramme gestaltet sich im allgemeinen sehr einfach. Im vorigen Abschnitt bot sich bereits mehrfach Gelegenheit zu zeigen, welche besonderen Erwägungen dabei die Eigenart der beschriebenen Indiziereinrichtungen erfordert. Es mögen aber hier noch einige Beispiele folgen, an denen dies in mehr zusammenhängender Weise erläutert werden kann.

Untersuchung einer Verbrennungsmaschine.

Es war beabsichtigt, an der im vorigen Abschnitt erwähnten Verbrennungsmaschine eine Untersuchung über den Ansauge-Vorgang und einige damit in Zusammenhang stehende Erscheinungen an-

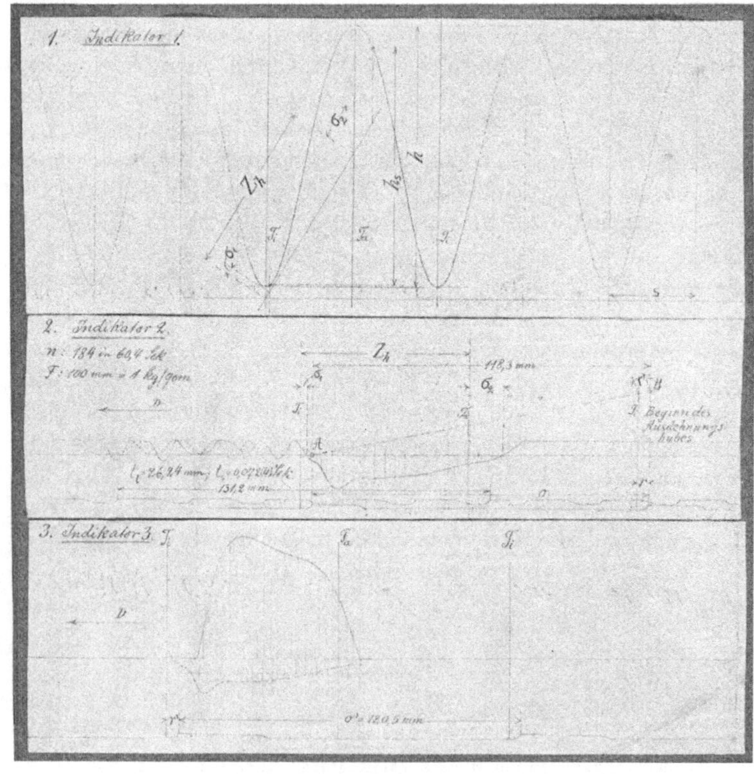

Fig. 31.

zustellen. Ein Satz der dabei indizierten Diagramme ist in der photographischen Wiedergabe Fig. 31[1]) dargestellt. Davon sind

---

[1]) Diese und die anderen in der vorliegenden Schrift abgebildeten Diagramme mußten, um für die photographische Vervielfältigung genügende Deutlichkeit zu erlangen, mit dem Bleistift nachgezogen werden. Zur

1 und 3 wt-Diagramme, während 2 ein pt-Diagramm ist. Die benutzten Indikatoren mögen der Kürze halber mit den gleichen Nummern wie die damit indizierten Diagramme bezeichnet werden. Durch den Motor Fig. 20 wurde vermittelst eines Vorgeleges die Trommel des Indikators 3 angetrieben, die ihrerseits mit Hilfe einer über ihre zweite Schnurrille laufenden geschlossenen Schnur die Trommel des Indikators 2 antrieb. Mittels dieser beiden Indikatoren wurde jedesmal gleichzeitig indiziert, das Diagramm 1 dagegen wurde zu anderer Zeit, aber bei der gleichen Belastung und der gleichen Umlaufzahl der Maschine wie die Diagramme 2 und 3, aufgezeichnet. Für den vorliegenden Zweck tut dies dieselben Dienste; übrigens hätte bei etwas anderer Anordnung der Schnurtriebe auch der Indikator 1 gleichzeitig mit 2 und 3 benutzt werden können, da der Motor Fig. 20 an beiden Enden der Schwungradwelle mit einer Schnurscheibe versehen ist. Es wäre also noch ein zweites Vorgelege einzuschalten gewesen, das aber nicht zur Hand war. Diagramm 1 zeigt den Weg des Maschinenkolbens, Diagramm 3 den des Mischventils als Funktion der Zeit. Diagramm 2 wurde mit der schwächsten der vorhandenen Federn in Verbindung mit dem großen Kolben von 40 mm Durchmesser indiziert, wobei der Hub des Indikatorkolbens nach oben hin durch ein über seine Stange geschobenes Messingrohr so stark begrenzt war, daß sich der Schreibstift nur um etwa 5 mm über die atmosphärische Linie erheben konnte. Diagramm 3 zeigt der Schreibzeug-Übersetzung entsprechend die Wege des Mischventils in sechsfacher Vergrößerung.

Die auf dem Diagramm 2 angegebene Umlaufzahl der Maschine von 184 in 60,4 Sek. wurde des Vergleiches halber mit Hilfe eines Chronoskops festgestellt. Die minutliche Umlaufzahl betrug demnach 182,8. Ermittelt man sie aus den Angaben des Diagramms,

so ergibt sich $n = \dfrac{60 \cdot t_l}{o \cdot t_s} = \dfrac{60 \cdot 26{,}24}{118{,}3 \cdot 0{,}072} = 184{,}8$ unter Vernach-

lässigung der letzten Stelle 4 des Wertes $t_s = 0{,}0724$, der nach

---

genauen Auswertung ist es natürlich erforderlich, die Diagramme so zu verwenden, wie sie indiziert worden sind, in möglichst schwachen, mit scharfem Stift gezeichneten Linien. Dabei ist nötigenfalls eine Lupe oder noch besser ein stark vergrößerndes Leseglas von reichlichem Durchmesser zu Hilfe zu nehmen.

der Zählung am Schaltwerk berechnet wurde. Die Abweichung beider Werte für n beträgt also 1,1 v. H. des letzten. Offenbar kann aber die in den Angaben des Diagramms enthaltene Fehlergröße sehr wohl kleiner sein als dieser Betrag, was auch aus den übrigen bei dieser Untersuchung indizierten Diagrammen folgt.

In Diagramm 1 haben die Ordinaten für die inneren und äußeren Totpunkte, T_i und T_a, die in derselben Weise bestimmt wurden wie in dem Diagramm Fig. 30, gleiche Abstände voneinander, ausgenommen die beiden letzten Ordinaten, deren Abstand s aus irgend einem nicht sicher feststellbaren Grunde etwas größer ist. Darnach muß angenommen werden, daß die Unterschiede zwischen den Zeiten der einzelnen Kolbenhübe zu gering sind, um im Diagramm als meßbare Größen zu erscheinen, wenn dieses bei einer Umfangsgeschwindigkeit der Trommel indiziert wird wie Diagramm 1. Es wurden deshalb in den Diagrammen 2 und 3 die Totpunkt-Ordinaten T_a durch Halbierung der Strecken o und o' unter Berücksichtigung des linearen Nacheilens bestimmt. Genau genommen ist dies nicht zulässig. Diagramm 1 hätte vielmehr bei annähernd gleicher Trommelgeschwindigkeit indiziert werden müssen wie die Diagramme 2 und 3. Möglicherweise hätten sich dann meßbare Unterschiede zwischen den Abständen ergeben, so daß darnach eine genauere Bestimmung der Ordinaten T für 2 und 3 möglich gewesen wäre. Für die Erläuterung der Auswertung an sich aber ist dieser Umstand ja belanglos. Das lineare Nacheilen r wurde auf die im Abschnitt III beschriebene Weise, und zwar nur am Indikator 2, gemessen. Durch Abtragung der Strecke r nach links von den oberen Ecken aus, die im Linienzug der Ortsmarken hervortreten, wurde dann die Lage der Totpunkt-Ordinaten T_i bestimmt. Daß diese Abtragung nach links erfolgen muß, geht ohne weiteres aus dem charakteristischen Verlauf der Linienzüge beider Markenreihen hervor, der anzeigt, daß während des Indizierens sich das aufgespannte Blatt in der Richtung der mit D bezeichneten Pfeile unter den Schreibstiften fortbewegt hat. Dieses Kennzeichen ist insofern von gewisser Annehmlichkeit, als bei manchen Untersuchungen der Linienzug des Diagramms selbst nicht auf den ersten Blick verrät, in welcher Richtung das Blatt bewegt wurde.

Die Strecke o im Diagramm 2 ist kleiner als die Strecke o' im Diagramm 3, und zwar entsprechend der Schnurschlüpfung zwischen den Indikatoren 3 und 2. Wird jetzt die Strecke $\overline{AB} = \mathrm{o}'$ im Diagramm 2 so abgetragen, wie die Figur dies zeigt, so ergibt sich sofort die Größe r' als lineares Nacheilen für Diagramm 3.

Die Ermittelung der Kolbenwege, die in irgendwelchen durch die Diagramme 2 oder 3 angegebenen Zeiten zurückgelegt worden sind, ist auf den Diagrammen 2 und 1 gezeigt. Werden beispielsweise die aus dem Diagramm 2 zu entnehmenden Strecken Z_h, σ_1 und σ_2 im Diagramm 1 so abgetragen, wie die Figur dies angibt, so erhält man die Strecke h_s und damit als Verhältnis dieser zur Strecke h den volumetrischen Wirkungsgrad $\eta_v = \dfrac{h_s}{h}$.

Die aus dem Diagramm 2 hervorgehende Ansaugelinie ist in das Diagramm 3 übertragen, was sich ohne nennenswerte Fehler bewerkstelligen läßt. Wesentlich für die Vermeidung größerer Fehler ist aber dies, daß die in ein Zeitdiagramm zu übertragende Sauglinie auch in einem Zeitdiagramm aufgezeichnet worden ist, also nicht erst durch Ableitung aus einem Kolbenwegdiagramm entwickelt zu werden braucht.

Die Ventilerhebungslinie im Diagramm 3 wurde noch dazu benutzt, um aus ihr durch zweimalige Differenzierung in später zu besprechender Weise die Ventilbeschleunigungslinie abzuleiten. Ferner wurden bei dieser Untersuchung noch die angesaugten Luft- und Gasgewichte sowie die Temperatur der Rückstände gemessen, während für die Zusammensetzung der Rückstände dieselben Verhältnisse als bestehend angenommen wurden, die durch andere Untersuchungen bei annähernd gleichem Betriebszustand der Maschine festgestellt worden waren. Darnach bestimmt sich der Lieferungsgrad der Maschine für den untersuchten Beharrungszustand und unter Berücksichtigung des volumetrischen Wirkungsgrades die Wärmemenge, die an die neue Ladung durch Austausch übergegangen ist. Auf Grund bestimmter Annahmen über den Verlauf des Wärmeaustausches während des Ansaugens läßt sich auf den Verlauf der Geschwindigkeits-Änderungen des Luft- und Gasstromes im Mischventil schließen. Die Darlegung und Kritik dieser Ermittelungen würde aber über den Rahmen der vorliegenden Schrift hinausgehen.

Untersuchung einer Differentialpumpe.

In den Figuren 32 bis 35 sind Diagramme wiedergegeben, die an einer im Maschinenlaboratorium aufgestellten Differentialpumpe aufgezeichnet worden sind, und zwar mittels der Indikatoren 1 und 2; der Indikator 1 von Dreyer, Rosenkranz & Droop trägt die Nummer 6649, der Ventilerhebungsindikator 2 von Schäffer & Budenberg, zu dem eine Trommel von 80 mm Durchmesser nachgeliefert wurde, ist auf besondere Bestellung geliefert worden und trägt keine Nummer. Der Indikator 1 wurde mittels des großen Vorgeleges Fig. 22 durch den Motor Fig. 18 angetrieben und war bei Aufzeichnung der Diagramme Nr. 1a und 2a mit dem Indikator 2 in ähnlicher Weise verbunden, wie dies hinsichtlich der Indikatoren bei der vorher besprochenen Untersuchung der Fall war. Trotz der Schnurschlüpfung zwischen den Indikatoren läuft die Trommel des Indikators 2 mit einer etwas größeren Umfangsgeschwindigkeit, weil ihre Schnurrillen einen kleineren Durchmesser haben als die des Indikators 1. In anderen Fällen wurden übrigens, was hier beiläufig bemerkt sein möge, beide Indikatoren durch eine gemeinsame, nach Art eines Kreistriebes geführte Schnur mit dem Vorgelege verbunden. Eine solche Anordnung bietet zuweilen Vorteile. Der Unterschied hinsichtlich des Trommelantriebes kommt aber für die hier zu besprechenden Ermittelungen nicht in Betracht, da diese sich in der Hauptsache auf die mit dem Indikator 2 indizierten Diagramme beziehen.

Im allgemeinen ist noch zu bemerken, daß die an der Pumpe angebrachte Einrichtung zur Übertragung der Ventilbewegung auf den Indikator nicht ganz befriedigt. Im Verlauf der Versuche zeigte sich, daß sie geringen Formveränderungen unterworfen ist und deshalb, wenn auch die dadurch entstehenden Fehler nicht bedeutend sind, für genaue Untersuchungen doch besser durch eine Einrichtung von größerer Starrheit ersetzt wird. Für die folgenden Erläuterungen der Auswertung mögen die erwähnten kleinen Fehler der Übertragung vernachlässigt werden.

Die minutliche Umlaufzahl des Motors wurde unter Beobachtung des Tachometers mit Hilfe der Handbremse bei jeder Indizierung unveränderlich erhalten, und daraus wurden dann nach genauer Ermittelung des Übersetzungsverhältnisses die auf den Diagrammen angeschriebenen Umfangsgeschwindigkeiten u

No. 1a Indikator 1
u = 209 mm/sec
n = 73
No. 2a Indikator 2.
u = 213 mm/sec
n = 73
175,5 mm

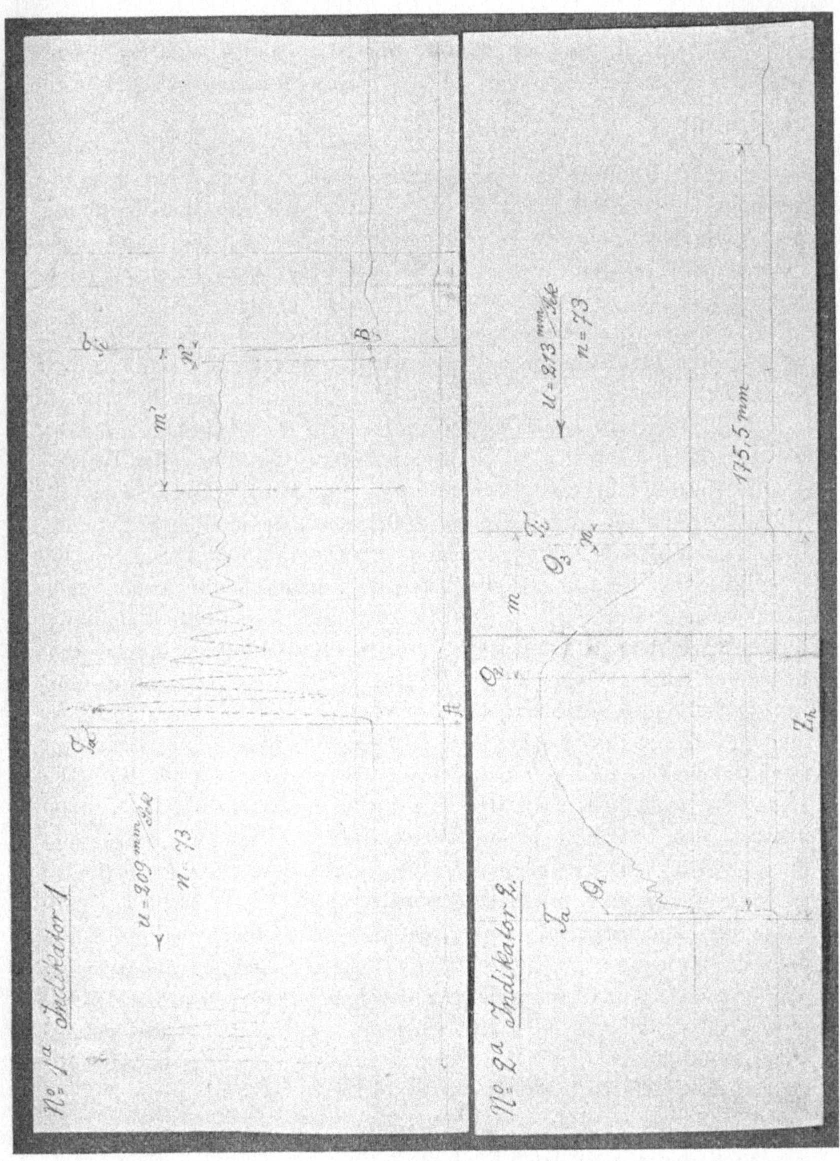

Fig. 32.

berechnet. Aus dem Abstand zweier gleichen Totpunktmarken und der bekannten Umfangsgeschwindigkeit u ergibt sich die mittlere minutliche Umlaufzahl, mit der die Pumpe während der einzelnen Indizierungen lief; für die gleichzeitig indizierten Diagramme 1a und 2a erhält man beispielsweise $n = \dfrac{60 \cdot 213}{175,5}$ = rund 73 Umläufe in der Minute. Das vorher schon gekennzeichnete bequeme Mittel, zwei gleichzeitig indizierte Zeitdiagramme von ungleicher Länge in Beziehung zueinander zu bringen, ist auch hier benutzt, indem die Strecke Z_h aus Diagramm 2a entnommen und $\overline{AB} = Z_h$ zwischen die Totpunktordinaten T_a und T_i in Diagramm 1a eingetragen wurde. Auf diese Weise erhält man z. B. leicht die Strecken m' und n', die den Strecken m und n in 2a entsprechen.

Die Diagramme 2a bis 2d zeigen in anschaulicher Weise, wie die Betriebsgeschwindigkeit der Pumpe den Gang des Druckventils beeinflußt; die Ordinaten O_1, O_2 und O_3 bezeichnen in allen Diagrammen die Zeitpunkte für den Beginn der Erhebung, den Beginn des Niederganges und den Schluß des Druckventils.

Beim Studium der Ventilbewegung entsteht die Frage nach dem Verlauf der Änderungen, denen die Ventilbeschleunigung unterworfen ist. Die Ableitung des zweiten Differentialquotienten aus einer empirisch gegebenen Wegkurve ist aber bekanntlich mit sehr erheblichen Schwierigkeiten verbunden. Um hierauf näher einzugehen, ist zu sagen, daß die Bemühungen, eine auch nur annähernd richtige Beschleunigungskurve zu erhalten, völlig aussichtslos erscheinen, falls die Wegkurve in einem wh-Diagramm gegeben ist, da bei dessen Umwandlung in ein wt-Diagramm ganz beträchtliche Fehler nicht zu vermeiden sind. Diesem bedenklichsten Übelstande entgeht man allerdings sicher dadurch, daß man die Wegkurve in einem genauen wt-Diagramm indiziert. Nun ist für dessen Behandlung zunächst kein besseres Mittel als das bekannte Tangentenverfahren gegeben. Dieses ist aber, wenn die Tangente mittels eines Lineals ohne weitere Hilfsmittel gelegt wird, sehr ungenau und führt fast durchweg zu völlig unbefriedigenden Ergebnissen. Man kann es indessen folgendermaßen ganz wesentlich verbessern.

In Fig. 36 bezeichne S eine planparallele Glasscheibe, auf deren Unterseite ein mit schmalem Ausschnitt versehenes Deck-

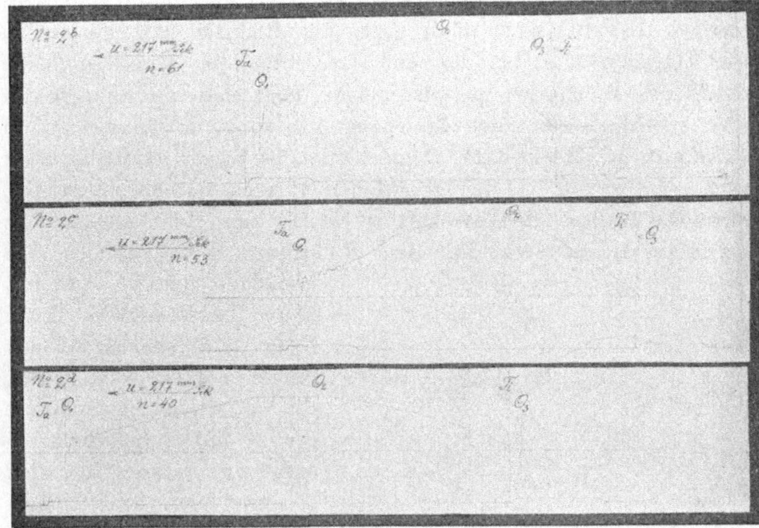

Fig. 33.

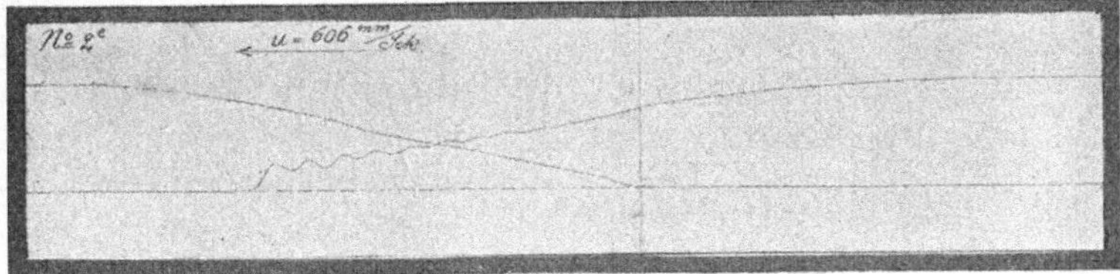

Fig. 34.

Fig. 35.

blatt D festgeklebt ist, und zwar so, daß ein darauf mit sehr scharfem Bleistift ganz dünn gezogener Richtfaden R normal zu dem Lotfaden L steht, der auf der Unterseite der Glasscheibe mittels des Diamanten angerissen ist. Legt man die Scheibe auf einen zu differenzierenden Linienzug AB, so kann man dessen im Ausschnitt des Deckblattes D erscheinendes Stück mit Hilfe einer Lupe sehr genau in den Richtfaden R einschalten, so daß es, sofern die Breite des Ausschnittes relativ zum Krümmungsradius sehr klein ist, als eine mit dem Richtfaden R vollkommen sich

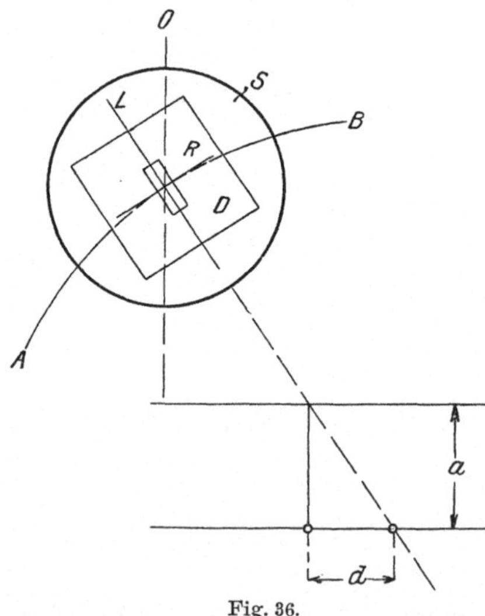

Fig. 36.

deckende Gerade erscheint. Der Richtfaden R kann dann sehr angenähert als Sehne oder Tangente gelten, die hier zusammenfallen. Ist die Scheibe außerdem so aufgelegt, daß der Lotfaden L durch den Schnittpunkt der Ordinate O mit der Kurve AB geht, und denkt man sich durch die Verlängerung des Lotfadens zwei parallel zur Abszisse der Kurve AB verlaufende, im übrigen aber beliebig liegende und beliebig weit voneinander abstehende Gerade geschnitten, so stellt die Strecke d den gesuchten Differentialquotienten für den durch O bestimmten Kurvenpunkt dar, und zwar in einem Maßstabe, der durch den Abstand a der benutzten Parallelen gegeben ist.

Zur bequemen Anwendung dieses Verfahrens wurde vom Verfasser ein kleines Instrument entworfen und seitens der Firma Ferdinand Ernecke in Berlin-Tempelhof sehr sauber hergestellt; die erste Ausführung ist in der photographischen Abbildung Fig. 37 dargestellt. Die mit dem Deckblatt versehene planparallele Glasscheibe ist in einen Messingring eingekittet, der außen mit einer eingedrehten Rille von keilförmigem Querschnitt versehen ist; in diesen greifen die Spitzen dreier Kopfschrauben, mit deren Hilfe die Lage der Glasscheibe eingeregelt werden kann.

Dies geschieht in der Weise, daß das Instrument auf ein in sehr dünnen Linien gezeichnetes normales Achsenkreuz gelegt und ein im Ausschnitt des Deckblattes erscheinendes Ordinatenstück in den Richtfaden genau eingeschaltet wird, und die Glasscheibe ist so einzustellen, daß dann die Linealkanten des Instrumentes mit der Abszisse des Achsenkreuzes parallel gerichtet sind. Offenbar braucht der auf der Glasscheibe angerissene Lotfaden sich nun nicht mit der durch die Linealkanten bestimmten Geraden zu decken und auch nicht normal zum Richtfaden des Deckblattes zu stehen, es genügt vielmehr, wenn er so liegt, daß er die Ver-

Fig. 37.

längerung des Richtfadens im Ausschnitt des Deckblattes halbiert. Denn er dient jetzt nur dazu, die Scheibe auf einen bestimmten Kurvenpunkt einstellen zu können. Daraus folgt, daß die Anbringung des Deckblattes auf der Glasscheibe sich ohne nennenswerte Schwierigkeit ermöglicht. Zu dem Instrument sind drei Glasscheiben in Messingfassung geliefert worden, die mit Deckblättern von verschiedenen Ausschnittbreiten versehen sind; bisher wurde für die am stärksten gekrümmten Kurven, die differenziert worden sind, der schmalste Ausschnitt von 1 mm Breite verwendet. Offenbar erreicht man aber bei gleicher Sorgfalt der Arbeit zuverlässigere Ergebnisse, wenn man die Diagramme so lang auszieht, daß auch an scharfen Krümmungen Kurvenstücke von etwa 3 mm Länge noch als Gerade erscheinen, so daß also ein Deckblatt von

größerer Ausschnittbreite benutzt werden kann. Die Differenzierung
einer Wegkurve wird nun zweckmäßig folgendermaßen vorgenommen.
Man schneidet alles überflüssige Papier des Diagrammblattes weg
und heftet den so erhaltenen Diagrammausschnitt an den Ecken
mit wenig Klebstoff auf ein Blatt glatten Papiers von reichlicher
Größe, das man normal zur Abszisse mit einem genau geteilten
Netz in möglichst feinen Linien überzieht. Als recht praktisch
bewährt sich auch die Verwendung von genügend starkem Papier,
das mit einem aufgedruckten Netz versehen ist und auf Bestellung
geliefert wird. Netze mit quadratischen Maschen von 5 oder 10 mm
Seitenlänge sind am angenehmsten; das bekannte Millimeterpapier

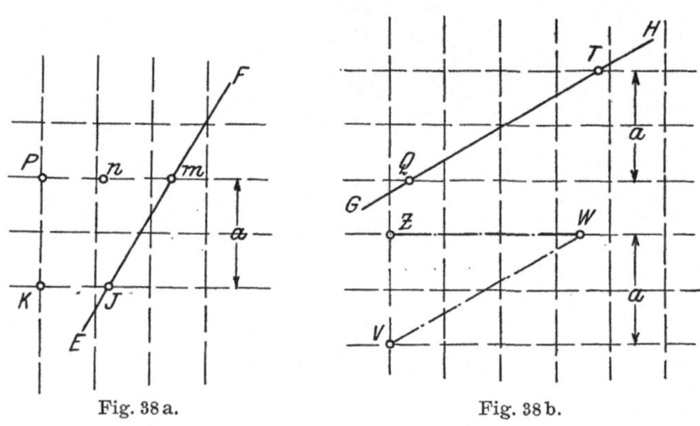

Fig. 38a.   Fig. 38b.

empfiehlt sich wegen der zu großen Linienstärke nicht. In Fig. 38
sind die Netzlinien gebrochen eingezeichnet. Verläuft die zu
benutzende Linealkante näher der Senkrechten, z. B. wie $\overline{EF}$, so
setzt man am besten eine Zirkelspitze dicht an der Linealkante,
etwa bei J, ein und greift eine Strecke $\overline{JK}$ ab, die dann auf einer
etwa im Abstande a gelegenen Netzlinie als $\overline{MN}$ abzutragen ist,
worauf die den Diffentialquotienten darstellende Liniengröße $\overline{NP}$
sofort in den Zirkel genommen und in das Netz für die Differential-
kurve eingetragen werden kann. Verläuft aber die Linealkante
näher der Wagerechten, z. B. wie GH, so ist es vorzuziehen, beide
Zirkelspitzen dicht an der Linealkante einzusetzen und etwa eine
Strecke $\overline{QT}$ abzugreifen. Diese trägt man dann an beliebiger
Stelle des Netzes, etwa als $\overline{VW}$, ein und nimmt $\overline{WZ}$ als gesuchten
Differentialquotienten in den Zirkel. So erhält man zunächst die

Geschwindigkeitslinie und muß aus dieser durch eine weitere Differenzierung die Beschleunigungslinie ableiten. Ersichtlich ist es von wesentlicher Bedeutung, die Geschwindigkeitslinie möglichst genau zu erhalten. Man darf sich daher in wichtigen Fällen keineswegs mit einer einmaligen Differenzierung der Weglinie begnügen, sondern muß die Ermittelung unter Umständen mehrfach

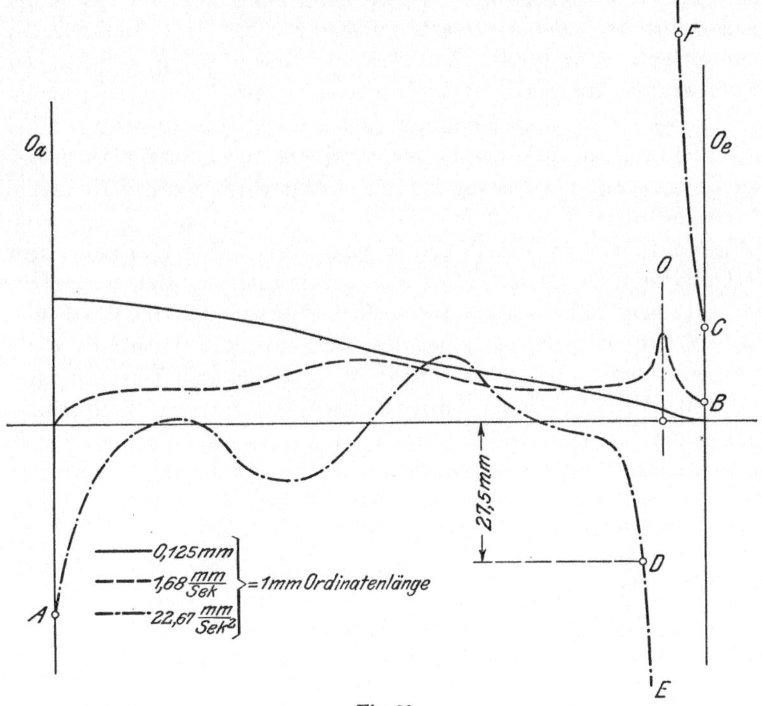

Fig. 39.

und, wenn nötig, für verschiedene Reihen von Kurvenpunkten wiederholen, um eine genügende Anzahl zuverlässiger Werte zu erhalten.

Die Genauigkeit, die sich mit dem beschriebenen Verfahren erreichen läßt, scheint zu befriedigen, soweit bis jetzt darüber geurteilt werden kann.

Die Diagramme 2a bis 2d würden sich für eine Behandlung dieser Art als unbequem kurz erweisen. Man kann aber ohne Schwierigkeit durch geeignete Wahl der Trommelgeschwindigkeit

Diagramme von wesentlich größerer Länge erhalten, wie beispielsweise Diagramm Nr. 2e zeigt.

Von einem anderen Diagramm desselben Versuches wurde der absteigende Ast zu einer solchen Ermittelung benutzt; das Ergebnis ist in Fig. 39 dargestellt. Leider lassen sich solche Linienzüge in der Vervielfältigung nur mangelhaft wiedergeben. Betrachtet man die vom Indikator aufgezeichnete Ventilweglinie, so findet man selbst bei solcher Diagrammlänge wie auf dem Blatt Nr. 2e, daß sie aus einer großen Zahl kurzer, unregelmäßig verlaufender wellenartiger Kurven von sehr geringen Amplituden zusammengesetzt ist. Der Ursache dieser Erscheinung nachzugehen, ist bei der Ungewißheit, die durch das erwähnte mangelhafte Verhalten der Übertragungseinrichtung hereingebracht wird, wenig verlohnend. Bestände diese Ungewißheit nicht, so könnte man etwa darauf schließen, daß das Ventil bei seinem Spiel auf der Spindel sehr veränderlichen Reibungswiderständen begegnet sei, sich also ruckweise bewegt habe. Denn als einfache Schwingungenskurven sind diese Wellen der sehr verschiedenen Längen wegen keinesfalls anzusprechen; man würde es vielmehr mit verwickelten Übereinanderlagerungen zu tun haben. Angenommen, die kleinen Wellenlinien mögen der tatsächlichen Ventilbewegung genau entsprechen. Auch dann könnten sie gegebenenfalls vernachlässigt werden, sofern man nämlich nur über das wesentliche Verhalten des Ventils hinsichtlich seines Einflusses auf die Arbeitsweise der Pumpe Aufschluß zu gewinnen wünscht. Bedenkt man, daß die tatsächlichen Ventilwege nur $^1/_8$ der Diagrammordinaten betragen, so spielen die erwähnten geringen Wellenlinien beispielsweise für die Ermittelung der jeweiligen Ventilbelastung keine nennenswerte Rolle. Die Berücksichtigung aller dieser kleinen Richtungsänderungen würde zur Folge haben, daß die $\dfrac{ds}{dt}$-Linie und erst recht die $\dfrac{d^2 s}{dt^2}$-Linie als zusammengesetzt aus einem Gewirr von wellen- und zackenförmig verlaufenden Einzelstücken erschiene. Und daraus wäre dann über den Verlauf der Beschleunigungsänderungen, auf den es wesentlich ankommt, doch nichts Genaues zu entnehmen. Man würde vielmehr bemüht sein, aus dem so abgeleiteten Beschleunigungsdiagramm eine mittlere Linie zu erhalten, und diese der weiteren Ermittelung zugrunde legen. In Anbetracht dieser Umstände erscheint es statthaft, vor der Differenzierung der Weglinie die erwähnten kleinen Richtungsänderungen durch sorgfältiges Überziehen einer stetiger verlaufenden Linie mit Hilfe des Kurvenlineals zu beseitigen. Allerdings läuft man dabei Gefahr, gelegentlich auch eine wesentliche Richtungsänderung der Weglinie durch ein unzulässig stark abweichendes Kurvenstück zu ersetzen und damit größere Fehler zu erhalten. Dem begegnet man aber ziemlich sicher dadurch, daß man eine größere Anzahl von Diagrammen desselben Satzes der Ermittelung unterzieht, was ohnehin erforderlich ist, da aus wenigen Diagrammen oder gar nur aus einem einzigen Diagramm niemals wichtige Schlüsse gezogen werden dürfen. Was die zweimalige Differenzierung der Weglinie in Fig. 39 betrifft, so wurde dabei in der erwähnten Weise vorgegangen. Die $\dfrac{ds}{dt}$-Linie ließ sich für den größten Teil des Verlaufes ziemlich zuverlässig ableiten, wie mehrfache Vergleichsversuche zeigten. Nur in der Nähe der Ordinate O erschien die Ermittelung weniger sicher, so daß für das Maximum der Kurve schließlich das Mittel mehrerer Werte genommen wurde, die besonders nahe beieinander lagen. Ebenso war bei der Länge des gewählten Diagramms nicht genau zu erkennen, ob die Weglinie tangential zur Abszisse ausliefe. Es schien dies nicht der Fall zu sein, so daß auf eine positive Ventilgeschwindigkeit im Augenblick des Aufsetzens zu schließen war. Danach hätte das Ventil nicht völlig stoßfrei geschlossen, und es wäre noch ein geringer Energiebetrag durch Formveränderung aufzunehmen gewesen. Die bis zum Punkte B reichende Endordinate der $\dfrac{ds}{dt}$-Linie konnte also nur durch Extrapolation gefunden werden, was bekanntlich unsicher ist. Das gleiche gilt in verstärktem Maße von Punkt A der $\dfrac{d^2 s}{dt^2}$-Linie. Diese wird nun in der Nähe der Ordinate O erst recht unsicher. Als äußerste Werte der positiven und negativen Beschleunigung wurden die Ordinaten mit den Endpunkten E und F ermittelt, während deren Maxima an dieser Stelle bei dem gewählten Maßstab nicht mehr sicher festzustellen waren. Man müßte also, um auch über diesen Teil der Kurve noch einen zuverlässigen Aufschluß zu gewinnen, ein noch wesentlich längeres Diagramm der Ermittelung unterziehen, und wie weit man in dieser Hinsicht gehen kann, zeigt das Diagramm Nr. 2f, das bei einer Umfangsgeschwindigkeit der Trommel von

2570 mm/Sek. indiziert wurde. Zu bemerken ist noch, daß zwischen
dem unter E und über F liegenden Maximum ein Linienstück
verläuft, das durch den Fußpunkt der Ordinate O gehen muß.
Die von F an absteigende Linie würde den durch Extrapolation
auf der $\frac{ds}{dt}$-Linie gefundenen Punkt C nicht erreichen, sondern
unmittelbar davor einen Wendepunkt finden und einen weiter nicht
mehr festzustellenden Verlauf nehmen. Alles in allem erweisen
sich also solche Ermittelungen als außerordentlich mühselig und
zeitraubend. Solange indessen keine besseren Verfahren zu Gebote
stehen, darf es in gewissen Fällen wohl als berechtigt gelten, in
der geschilderten Weise vorzugehen.

Das Kurvenlot Fig. 37 erscheint noch verbesserungsbedürftig
und -fähig. Die Einregelung nach dem Achsenkreuz läßt sich
wohl nach einiger Übung sicher bewerkstelligen, ist aber immerhin
etwas mühselig, so daß es wohl vorzuziehen wäre, die Scheibe in
anderer Weise und etwa durch einen feinen Schneckentrieb ein-
regelbar zu lagern. Der mit dem Diamanten angerissene Lotfaden L
erscheint unter der stark vergrößernden Lupe zu grob. Die Firma
Ferdinand Ernecke hat den Vorschlag gemacht, solche Scheiben
auf photographischem Wege anzufertigen. Dabei ließe sich jedenfalls das Fadenkreuz sehr genau und in beliebig feiner Strichstärke
herstellen. Ein Übelstand würde aber darin bestehen, daß die
Scheibe mit der leicht verletzlichen Schicht das Papier berühren
müßte. Vielleicht ließe sich zu deren Schutz ein Deckglas von
erreichbar geringster Stärke aufkitten. Auch das Aufbringen des
Deckblattes mit Ausschnitt würde schwierig sein. Ein solches
ist aber deshalb erforderlich, weil die Einstellung des auszu-
schneidenden Kurvenstückes in den Richtfaden nur dann genau
möglich ist, wenn die in Fig. 36 punktiert angedeuteten Kurvenstücke dem Blick entzogen werden. Vielleicht ließe sich aber das
Deckblatt durch eine sehr dünne Schicht gut deckender weißer
Farbe ersetzen.

Untersuchung der Eigenschwingungen des Indikators.

Soll der Indikator zu genauen Untersuchungen benutzt werden,
so ist es durchaus unumgänglich, die dem einzelnen Instrument
anhaftenden Eigentümlichkeiten durch eingehende Versuche fest-

zustellen. Es soll hier nur ein Teil einer derartigen Prüfung besprochen werden, nämlich die Untersuchung darüber, wie sich das in schwingender Bewegung begriffene Getriebe des Indikators verhält. Damit kann u. a. zu bestimmten Zwecken beabsichtigt sein, die Schwingungszeit zu ermitteln. Wenn z. B. die Frage aufgeworfen wird, woher der wellenförmige Verlauf des Diagramms Fig. 32 Nr. 1a rühre, der kurz nach den Hubwechseln des Pumpenkolbens auftritt, so kann darauf nicht ohne weiteres etwa geantwortet werden, daß diese Wellenlinie ausschließlich auf die Trägheit des Indikatortriebwerkes zurückzuführen sei. Würden beispielsweise die durch die Wellenlinie gekennzeichneten Schwingungen eine wesentlich größere oder kleinere Schwingungszeit haben als die Eigenschwingungen des Indikators, so wäre darauf zu schließen, daß ihre Entstehung jedenfalls noch anderen, zunächst nicht zu erkennenden Ursachen zugeschrieben werden müsse.

Bekannt sind die Versuche über die Eigenschwingungen des Indikators, die Slaby[1]) im Anfang der 1890er Jahre angestellt hat, um den Maßstab der Indikatorfedern vergleichsweise zu ermitteln, woraus sich ergab, „daß der mittlere dynamische Federmaßstab von dem mittleren statischen nicht abweicht". Der bequemen statischen Eichung der Feder wird man im allgemeinen heute um so lieber den Vorzug geben, als inzwischen die dazu dienenden Einrichtungen wesentliche Verbesserungen erfahren haben, und besonders für die Prüfung durch unmittelbare Gewichtsbelastung Geräte geschaffen worden sind, die hinsichtlich der Handlichkeit beim Gebrauch und der Zuverlässigkeit der damit zu erzielenden Ergebnisse sicher nicht viel mehr zu wünschen übrig lassen. Man könnte jetzt umgekehrt aus dem statisch bestimmten Federmaßstab und der berechneten oder versuchsweise gefundenen reduzierten Masse des Indikatortriebwerks die Schwingungszeit der Eigenschwingungen berechnen. Die genaue Berechnung der reduzierten Masse stößt aber, wie auch Slaby dartut, auf kaum überwindliche Schwierigkeiten, und zu ihrer Feststellung durch den Versuch bedarf es besonderer Zusatzgewichte, mit denen der Indikatorkolben zu belasten ist. Slaby hat bei seinen Versuchen einen dazu besonders ausgebildeten Indikator

---

[1]) Slaby, Kalorimetrische Untersuchungen über den Kreisprozeß der Gasmaschine, 1904, Leonhard Simion, Berlin.

benutzt, der jedenfalls dem angegebenen Zweck in hohem Maße zu entsprechen vermochte. Bei den Indikatoren der üblichen Bauart wird eine Belastung des Kolbens durch Zusatzgewichte kaum anders als dadurch zu erreichen sein, daß man den Kolben mit einer durch den offenen Indikatorhahn zu führenden Verlängerungsstange versieht und an dieser die Zusatzbelastung anbringt. Die Verlängerungsstange könnte allerdings auch durch einen Umführungsrahmen oder -bügel mit dem Kugelgelenkstück verbunden werden, dies würde aber eine weniger einfache und handliche Anordnung ergeben. Der Indikator kann in solcher Verfassung natürlich nicht seiner eigentlichen Bestimmung dienen; er muß vielmehr an einem besonderen Gestell oder Versuchstische befestigt werden, etwa in der Weise, wie die Abbildung Fig. 40 dies erkennen läßt, und die Untersuchung ist zunächst auf den Schwingungsvorgang allein zu beschränken. Dieser kann in der Weise eingeleitet werden, daß man die Feder nach oben vorspannt, unter das am Ende der Kolbenstange aufgeschraubte Kugelgelenkstück eine Gabel mit kurzen Zinken von passender Höhe schiebt und diese dann mit großer Geschwindigkeit durch eine daran befestigte Schnur in wagerechter Richtung wegzieht.

Bei den hier zu besprechenden Versuchen wurden für die zusätzliche Belastung verschiedene Gewichtssätze benutzt, u. a. ein solcher, der aus 6 Bronzescheiben von je 50 mm Durchmesser besteht. Zwei der Scheiben sind je etwa halb so schwer wie jede der übrigen, so daß sich mit Hilfe des ganzen Satzes 10 verschiedene in annähernd gleichen Stufen fortschreitende Zusatzbelastungen erzielen lassen.

Das reduzierte Gewicht der Indikatorfeder ist, wenn diese an beiden Enden mit angelöteten Federköpfen versehen ist, nur annähernd zu bestimmen, sofern man sich nicht dazu entschließt, die Federköpfe abnehmen zu lassen, um die einzelnen Bestandteile der Feder abwägen zu können. Vielfach ist der am Kolben festzuschraubende Federkopf etwas schwerer als der andere am Zylinderdeckel zu befestigende. Ferner ist mit beiden Federköpfen je ein Teil der Stahldrahtwindungen starr befestigt, so daß das Gewicht des einen dieser starr verbundenen Teile gar nicht, das des anderen aber voll zur Geltung kommt. Nimmt man für den übrigen, freien Teil der Feder an, daß bei seiner Längenänderung beliebige Massenelemente sich gleichzeitig mit Geschwindigkeiten bewegen, die den zwischen ihnen und den festen Enden liegenden Windungslängen proportional sind, so ergibt sich als reduzierte Masse der freien Windungen ein Drittel ihrer wirklichen Gesamtmasse. Dazu sind dann die Massen des mit dem Kolben ver-

Fig. 40.

bundenen Federkopfes und des daran starr befestigten Teiles der Windungen zu addieren. Ohne den Zusammenhang der Feder zu stören, kann das Gewicht der einzelnen Bestandteile nur aus ihren Abmessungen berechnet werden, ein Verfahren, das nicht genügend zuverlässig ist. Noch erheblich unsicherer ist es bei der üblichen Bauart, die reduzierte Masse des Schreibzeuges aus den Gewichten der einzelnen Teile zu ermitteln, obschon hier eine Zerlegung und Abwägung keine Schwierigkeit verursacht.

Will man nun mit Hilfe der Zusatzbelastungen die reduzierte Masse des Schreibzeuges versuchsweise ermitteln, so entsteht bei der Auswertung der indizierten Schwingungsdiagramme von vornherein die Frage, die Fliegner[1] schon vor längerem aufgeworfen und behandelt hat, ob die Bewegungswiderstände als unveränderlich anzunehmen seien. Diese Frage ist für die Beurteilung der Eigenschaften des Indikators von grundlegender Bedeutung, so daß ihre Erörterung hier nicht umgangen werden kann[2].

Nimmt man an, die Bewegungswiderstände seien von der Geschwindigkeit abhängig, so gelangt man zu besonders einfachen Beziehungen unter der Voraussetzung, daß sie ihr direkt proportional seien. Mit Rücksicht auf den Luftwiderstand nähert sich diese Voraussetzung desto mehr der Wirklichkeit, je kleiner die Geschwindigkeit ist. Nimmt man außerdem an, die Beschleunigungen seien den jeweiligen Ausschlägen proportional, so gelangt man zu einer Darstellung des Vorganges im wt-Diagramm, wie sie das Schema Fig. 41 zeigt. Die Betrachtungen mögen sich auf einen bestimmten Punkt des schwingenden Systems beziehen, etwa den Schwerpunkt des Kolbens. Der Vorgang ist eine gedämpfte Schwingung, die in der Folge als einfach gedämpfte Schwingung bezeichnet werden möge, und zwar im Gegensatz zu einer später zu besprechenden gedämpften Schwingung anderer Art. Auf Grund der genannten Voraussetzungen ergibt sich die Differentialgleichung:

$$\frac{d^2s}{dt^2} + \frac{\varepsilon}{m} \cdot \frac{ds}{dt} + \frac{c}{m} \cdot s = 0 \ \ . \ \ . \ \ . \ \ . \ \ . \ \ (1)$$

worin s den Weg, m die Masse, ε den Dämpfungsfaktor und c eine Konstante bedeutet, die sich unter Voraussetzung vollkommener Proportionalität der Feder aus $c = \dfrac{P}{s}$ bestimmt, wenn P die Kraft bezeichnet, durch die eine Längenänderung der Feder um die Strecke s bewirkt wird. Die Dämpfung ist dann für die

---

[1] A. Fliegner, Dynamische Theorie des Indikators, Schweizerische Bauzeitung, Band XVIII, Nr. 5, 6 und 8.

[2] Eine ausführliche Behandlung der Schwingungsvorgänge findet sich in H. Lorenz, Techn. Mechanik starrer Systeme, R. Oldenbourg, München und Berlin.

Geschwindigkeit $\dfrac{ds}{dt}$ durch $-\,\varepsilon\cdot\dfrac{ds}{dt}$ gegeben. Die Gleichung 1 kann durch Einführung zweier willkürlichen Konstanten, etwa a und b, gelöst werden, indem man $s = a e^{bt}$ setzt, und führt hinsichtlich des hier zu behandelnden periodischen Vorganges zu folgenden Beziehungen:

$$t_s = \frac{2\,\pi}{b'} = \frac{4\,\pi\,m}{\sqrt{4\,c\,m - \varepsilon^2}} \quad \ldots \ldots \quad (2)$$

$$\left.\begin{aligned}\frac{s_1}{s_3} &= \frac{s_3}{s_5} = \ldots\ldots = \text{konst.}\\[2mm]\frac{s_2}{s_4} &= \frac{s_4}{s_6} = \ldots\ldots = \text{konst.}\end{aligned}\right\} \quad \ldots\ldots \quad (3\,a)$$

$$\frac{s_1}{s_3} = \frac{s_2}{s_4} = e^{\frac{\varepsilon\,t_s}{2\,m}} \quad \ldots\ldots\ldots\ldots \quad (4\,a)$$

$$\ln\frac{s_1}{s_3} = \frac{\varepsilon\,t_s}{2\,m} \quad \ldots\ldots\ldots\ldots\ldots \quad (5\,a)$$

Darin bedeuten $s_1\,s_3\,s_5$ u. s. f. und $s_2\,s_4\,s_6$ u. s. f. die größten Ausschläge auf der einen oder anderen Seite der Linie L_m, die der reibungslosen Ruhelage entspricht, und t_s die Zeit, die zwischen der Erreichung zweier aufeinander folgenden positiven oder negativen Maxima, $s_1\,s_3$ oder $s_2\,s_4$ u. s. f., verfließt.

Die Gleichung 2 zeigt, daß die Schwingungszeit t_s gleich bleibt für unveränderliche Werte von m und ε. Setzt man darin den Ausdruck für ε ein, der sich aus Gleichung 5a ergibt, so folgt für die gesamte Masse

$$m = \frac{c\,t_s^{\,2}}{4\,\pi^2 + \left(\ln\dfrac{s_1}{s_3}\right)^2} \quad \ldots\ldots\ldots \quad (6\,a)$$

Da auch die reduzierte Masse der Feder nicht sicher bestimmt werden kann, wenn ihre Bestandteile nicht einzeln abgewogen worden sind, so empfiehlt es sich, sie nebst der reduzierten Masse des Schreibzeuges als unbekannt anzunehmen und diese unbekannte Masse etwa mit m_x zu bezeichnen, gegenüber dem Teile der Masse m, der durch Abwägen des Kolbens nebst der Verlängerungsstange und der Zusatzgewichte leicht ermittelt werden kann und mit m_b bezeichnet werden möge. Dann hat man

$$m_x = m - m_b \quad \ldots \ldots \ldots \ldots \ldots (7)$$

Vorausgesetzt also, daß sich c durch statische Eichung genau bestimmen läßt, kann man unter Verwendung verschiedener Belastungsgewichte nach Gleichung 6a die Masse m berechnen und aus dem Vergleich der Einzelwerte Aufschluß über die Zuverlässigkeit des Verfahrens gewinnen. Erscheint diese ausreichend, so ergibt sich aus Gleichung 7 der gesuchte Wert für m_x, und man kennt dann auch die Masse des ohne Zusatzbelastungen arbeitenden Indikators.

Die ersten indizierten Schwingungsdiagramme wurden zunächst daraufhin untersucht, ob die der Schwingungszeit t_s entsprechende lineare Größe unveränderlich wäre. Im großen und ganzen traf dies zu. Vielfach wurden Diagramme erhalten, in denen für eine größere Reihe aufeinander folgender Einzelschwingungen irgendwelche Abweichungen der Abstände t_l mittels des Zirkels nicht festgestellt werden konnten. Ebenso oft aber zeigte sich hier und da eine einzelne Schwingung, deren Schwingungszeit von der der benachbarten verschieden war. Eine gesetzmäßige Folge von Abweichungen dieser Art ließ sich aber nicht erkennen. Bei allen Versuchen wurde der Motor so betrieben, daß seine minutliche Umlaufszahl nach Angabe des Tachometers mittels der Hilfsbremse sorgfältig konstant erhalten wurde. Es bleibt also zunächst der Zweifel bestehen, ob solche Unterschiede lediglich auf Ungleichförmigkeiten im Verhalten des Schnurtriebes oder auch zum Teil oder aber ganz allein auf andere Umstände zurückzuführen seien, etwa darauf, daß für die Feder der Wert $c = \dfrac{P}{s}$ nicht konstant ist, eine Möglichkeit, auf die schon Slaby an vorher angegebener Stelle hingewiesen hat.

Mit Rücksicht auf die erwähnten Abweichungen wurde die Schwingungszeit durchweg als Mittelwert aus einem im Diagramm gemessenen, auf eine größere Anzahl von einzelnen Schwingungen sich beziehenden Abstand ermittelt. Ferner wurden die Diagramme daraufhin geprüft, ob sie der Gleichung 3 entsprechend einen unveränderlichen Wert für die Verhältnisse $\dfrac{s_1}{s_3}$ u. s. f. ergäben. Das war nicht der Fall, sondern es zeigte sich folgendes. Mit abnehmender Amplitude wuchsen die ermittelten Werte sehr entschieden, und zwar stellenweise bis auf mehr als den doppelten Betrag des Wertes für das Verhältnis der ersten, nach der Auslösung vollführten Schwingungen. Diese Erscheinung trat um so auffälliger hervor, je geringer die verwendeten Zusatzbelastungen waren, so daß nach einer Anzahl von Ermittlungen die Vermutung entstand, daß hier der Einfluß einer Stoßwirkung, und zwar infolge toten Ganges in den Gelenken des Schreibzeugs, tätig sein müßte. Die Untersuchung ergab auch, daß die Schraube, die zur Einstellung des Kugelgelenkes dient, sich unzulässig stark gelockert hatte. Diese wurde nun von neuem genau eingestellt, wonach hier kein Spiel mehr festzustellen war. In den übrigen Gelenken war indessen noch ein geringes Spiel vorhanden, das vorläufig nicht beseitigt werden konnte. Im ganzen war der tote Gang gegenüber dem vorigen Zustand merkbar vermindert worden. Die nunmehr indizierten Schwingungsdiagramme waren auch unverkennbar von den früheren verschieden, und die vorher erwähnte Erscheinung zeigte sich in weit geringerem Maße, obschon sie nicht ganz verschwunden war. Dies schien aber ungezwungen aus dem Umstande erklärt werden zu können, daß sich der tote Gang nicht völlig hatte beseitigen lassen.

Die Fortsetzung der Versuche ließ indessen bald erkennen, daß die Schwingungen des Indikators im allgemeinen doch keine genügende Annäherung an den vorher erörterten Schwingungsvorgang zeigen, um nach diesem beurteilt werden zu können. An verschiedenen Stellen tritt gleitende Reibung auf, nämlich zwischen Kolben und Zylinder, zwischen der Kolbenstange und ihrer Führung, zwischen dem Schreibstift und dem Papier und endlich in den Gelenken des Schreibzeuges. Über die Abhängigkeit des Widerstandes der gleitenden Reibung von der Geschwindigkeit der Bewegung ist zwar, wie im Abschnitt II schon erwähnt wurde, wenig Zuverlässiges bekannt, doch scheint wenigstens so viel festzustehen, daß dieser Widerstand der Geschwindigkeit nicht direkt proportional ist. Vielmehr darf angenommen werden, daß er für Geschwindigkeiten und Geschwindigkeitsänderungen der hier in Betracht kommenden Größen sehr annähernd als unveränderlich gelten kann. Unter dieser Voraussetzung wäre in Gleichung 1 noch eine Größe w einzuführen, die den als konstant angenommenen resultierenden Widerstand der gleitenden Reibung bezeichnet, und deren Vorzeichen sich bei jedem Richtungswechsel der Bewegung umkehrt. Wie sich leicht erkennen läßt, wird unter sonst gleichen Verhältnissen durch das Hinzukommen dieses Widerstandes w an der Schwingungszeit t_s nichts geändert, solange überhaupt die Bewegung zwischen positiven und negativen Ausschlägen wechselt. Denn zwischen je einem positiven und dem darauf folgenden negativen größten Ausschlag verläuft der Vorgang so, als ob eine einfach gedämpfte Schwingung, nur um eine andere Mittellage, vollführt würde. Daraus folgt, daß auch die gedämpfte Schwingung mit konstantem Widerstand isochron ist, und daß bei gleichen Werten von ε und m ihre Schwingungszeit t_s, ebenso wie vorher definiert, die gleiche Größe hat wie die der einfach gedämpften Schwingung. Es kann daher durchweg von den vorher erörterten Gleichungen ausgegangen werden, wenn darin die halbe Schwingungszeit $\dfrac{t_s}{2}$ eingeführt wird. Danach erhält man für die einfach gedämpfte Schwingung, auf die hier nochmals zurückzugreifen ist, die folgenden weiteren Beziehungen

$$\frac{s_1}{s_2} = \frac{s_2}{s_3} = \ldots = \text{konst.} \ldots \ldots \quad (3\,\mathrm{b})$$

$$\frac{s_1}{s_2} = e^{\frac{\varepsilon\, t_s}{4\,m}} \ldots \ldots \ldots \ldots \quad (4\,\mathrm{b})$$

$$\ln \frac{s_1}{s_2} = \frac{\varepsilon\, t_s}{4\,m} \ldots \ldots \ldots \ldots \quad (5\,\mathrm{b})$$

$$m = \frac{c\, t_s^{\,2}}{4\left[\pi^2 + \left(\ln \dfrac{s_1}{s_2}\right)^2\right]} \ldots \ldots \quad (6\,\mathrm{b})$$

Die Dämpfung erreicht für jede halbe Schwingung ein Maximum mit der Geschwindigkeit, also in dem Augenblick, wo die Beschleunigung ihr Vorzeichen wechselt. Dies findet beim Durchgang durch die in Fig. 41 mit $B_1\, B_2$ u. s. f. bezeichneten Wendepunkte statt. Setzt man in Gleichung 1 die Beschleunigung $\dfrac{d^2 s}{dt^2} = 0$, so folgt

$$-\frac{\varepsilon}{m} \cdot \frac{ds}{dt} = \frac{c}{m} \cdot s_d \ldots \ldots \ldots \quad (8\,\mathrm{a})$$

wenn mit s_d der Abstand bezeichnet wird, den der betrachtete Punkt in diesem Augenblick von der Linie L_m der reibungslosen

Ruhelage hat und dem im Diagramm eine lineare Größe s_l entspricht. Diese ist durch $s_l = x_s \cdot s_d$ bestimmt, wenn x_s das Übersetzungsverhältnis des Schreibzeuges bezeichnet, das bei den heute verwendeten Indikatoren meist den Wert 6 hat. Die Linie der reibungslosen Ruhelage L_m würde, falls eine einfach gedämpfte Schwingung im Diagramm überhaupt erschiene, vom Schreibstift schließlich aufgezeichnet werden. Denn wenn auch theoretisch die Schwingung nicht erlischt, so würden doch nach bestimmter Zeit die Amplituden unmeßbar klein werden und die dann entstehende Linie als Gerade erscheinen. Der Abstand s_l könnte also dann im Diagramm gemessen werden, sobald die Lage des Wendepunktes bekannt wäre. Immerhin würde bei der Kleinheit dieses Abstandes eine genaue Messung auf Schwierigkeiten stoßen, so daß hierfür die Verwendung besonderer Hilfsmittel, etwa eines photographisch hergestellten und mit einer stark vergrößernden Lupe verbundenen Meßgitters, in Betracht käme.

In Gleichung 8a ist $\dfrac{ds}{dt}$ ein Geschwindigkeitsmaximum. Setzt man $\dfrac{ds}{dt} = v_w$ und $s_d = \dfrac{s_l}{x_s}$, so ergibt sich folgende Form

$$- t = c \cdot \frac{s_l}{x_s} \cdot \frac{1}{v_w} \quad \ldots \ldots \ldots \quad (8\,\mathrm{b})$$

auf die später noch Bezug genommen werden wird.

Was endlich die im Diagramm vorzunehmende Messung der Abstände t_l betrifft, so ist offenbar die Lage der Maxima wegen der geringen Veränderlichkeit der Funktion in ihrer unmittelbaren Nähe schwer zu bestimmen. Verfährt man jedoch in ähnlicher Weise, wie bei der Auswertung des Diagramms Fig. 30 gezeigt, und bestimmt man t_l als Mittelwert aus einem Abstande, der sich auf eine größere Zahl von Schwingungen bezieht, so erzielt man damit durchweg eine ausreichende Annäherung. Dies kommt allgemein für die Auswertung von Diagrammen in Betracht, in denen Schwingungen der hier behandelten Art klar hervortreten. Bei der einfach gedämpften Schwingung, die in dem Schema Fig. 41 dargestellt ist, würde man es aber offenbar vorziehen, die Größe t_l auf der Linie L_m zu messen, da sie auch den zeitlichen Abstand je zweier aufeinander folgenden Augenblicke darstellt, in denen bei gleich gerichteter Bewegung der betrachtete Punkt durch die reibungslose Ruhelage geht.

Die gedämpfte Schwingung mit konstantem Widerstand unterscheidet sich nun von der einfach gedämpften Schwingung durch die für den vorliegenden Zweck zunächst ins Auge zu fassenden Merkmale, die in dem Schema Fig. 42 gekennzeichnet sind. Wird die dem Widerstand w entsprechende lineare Größe im Diagramm mit w_l bezeichnet, so folgt ähnlich wie vorher hinsichtlich der Dämpfung,

$$w = c \cdot \frac{w_l}{x_s} \quad \ldots \ldots \ldots \ldots (9)$$

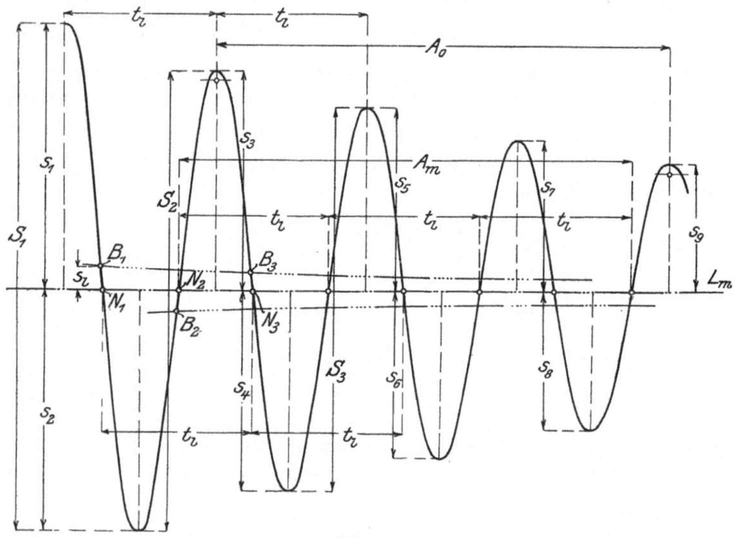

Fig. 41.

und die Summe der Widerstände erreicht wieder bei jeder halben Schwingung ein Maximum in dem Augenblicke, wo einer der Punkte $B_1' B_2'$ u. s. f. durchlaufen wird, also die Beschleunigung das Vorzeichen wechselt, und bestimmt sich aus

$$W = \frac{c}{x_s} \cdot (s_l + w_l) \quad \ldots \ldots \ldots (10)$$

worin w konstant ist, s_l aber einen für jede folgende halbe Schwingung kleineren Wert annimmt. Durch den konstanten Abstand w_l sind der Lage nach zwei Linien L_r bestimmt, zu beiden Seiten der Linie L_m, die der Ruhelage des betrachteten Punktes entsprechen würde, wenn keine äußere Reibung vorhanden wäre. Von den durch die Punkte $B_1'\,B_3'$ und $B_2'\,B_4'$ u. s. f. gelegten Linien nähert sich jede asymptotisch einer der Linien L_r, ebenso wie dies bei der einfach gedämpften Schwingung Fig. 41 hinsichtlich der Linie L_m zutrifft.

Bei der gedämpften Schwingung mit konstantem Widerstand erlischt nun der Vorgang innerhalb des durch die Linien L_r begrenzten Flächenstreifens an einer allgemein nicht bestimmten Stelle. Es ist deshalb keineswegs zu erwarten, daß der nach

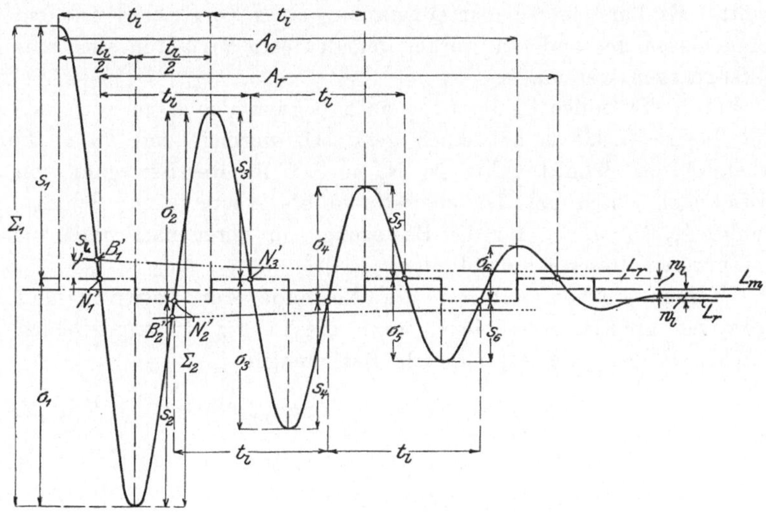

Fig. 42.

erloschener Schwingung in Ruhe verharrende Schreibstift etwa die Linie L_m oder eine der Linien L_r aufzeichnen werde. Falls jedoch der Annahme gemäß ein unveränderlicher, von der Geschwindigkeit unabhängiger Widerstand tätig ist, so könnte man versuchen, die Linien L_r auf bekannte Weise nachträglich in das Diagramm einzuzeichnen, indem man bei ruhender Trommel das Indikatortriebwerk je einmal nach oben und unten auslenkt, nach jeder Auslenkung den Schreibstift zum Anliegen bringt und nun das Triebwerk mit stetiger, sehr langsamer Bewegung nach der Ruhelage zurückkehren läßt. Ist diese erreicht, so zeichnet man durch kurze Trommeldrehungen je eine Marke ein, wodurch die

Lage der Linien L_r und damit auch die der Linie L_m bestimmt wäre.

Ein anderes bekanntes Verfahren, diese Linie L_m zu finden, ist dies, daß man die Kurven einzeichnet, die den Linienzug der Schwingung in der Nähe der positiven und negativen Maxima tangieren und dann die von diesen Kurven begrenzten Ordinatenstücke halbiert. Bei der Auswertung im allgemeinen kommt dieses Verfahren wohl in Betracht, während es sich bei den hier im besonderen zu besprechenden Schwingungsdiagrammen seiner geringeren Genauigkeit wegen wenigstens nicht ausschließlich empfiehlt. Es kann jedoch zur Gewinnung eines Vergleiches mit den Ergebnissen der anderen, vorher angedeuteten Verfahren auch hier herangezogen werden.

Sind die Linien L_r der Lage nach bekannt, so kann auch hier die lineare Größe t_l auf ihnen gemessen werden, und zwar als Abstand der Schnittpunkte $N_1' N_3'$ u. s. f. für die Bewegung von oben nach unten auf der oberen und als Abstand der Schnittpunkte $N_2' N_4'$ u. s. f. für die Bewegung von unten nach oben auf der unteren dieser beiden Linien.

Ferner ergeben sich für die Abstände der positiven und negativen größten Ausschläge, wenn die in Fig. 42 angegebenen Zeichen benutzt werden, folgende Beziehungen.

$$\frac{s_1}{\sigma_1} = \frac{s_2}{\sigma_2} = \ldots = \text{konst.} \quad\ldots\ldots\quad (3c)$$

$$\frac{s_1}{\sigma_1} = e^{\frac{\varepsilon\, t_s}{4\,m}} \quad\ldots\ldots\ldots\ldots\quad (4c)$$

$$\ln \frac{s_1}{\sigma_1} = \frac{\varepsilon\, t_s}{4\,m} \quad\ldots\ldots\ldots\ldots\quad (5c)$$

$$m = \frac{c\, t_s^{\,2}}{4\left[\pi^2 + \left(\ln \frac{s_1}{\sigma_1}\right)^2\right]} \quad\ldots\ldots\quad (6c)$$

Durch Verbindung von 5c und 6c kann man t_s eliminieren und erhält, wenn man $\dfrac{s_1}{\sigma_1} = \delta$ setzt, für ε die Gleichung

$$\varepsilon = \sqrt{\frac{4\,c\,m}{\left(\frac{\pi}{\ln \delta}\right)^2 + 1}} \quad\ldots\ldots\ldots\quad (11)$$

Außerdem folgt aus den Gleichungen 11 und 8b unter Elimination von ε die Beziehung

$$s_l = 2\,x_s \cdot v_w \sqrt{\dfrac{m}{c\left[\left(\dfrac{\pi}{\ln \delta}\right)^2 + 1\right]}} \quad \ldots \ldots \quad (12)$$

mit deren Hilfe der Wert des Abstandes s_l und damit auch die Lage des Wendepunktes ermittelt werden kann, da sich das Geschwindigkeitsmaximum v_w mittels des Kurvenlotes leicht bestimmen läßt. Für die Ermittelung des Wertes von ε ist die Gleichung 11 ganz bequem, sobald man die Masse m genau kennt. Dies ist aber, wie erwähnt wurde, im allgemeinen hinsichtlich der üblichen Indikatoren von vornherein nicht der Fall.

Unter der Voraussetzung, daß ε bekannt ist, kann die aus 5c folgende Beziehung

$$m = \dfrac{\varepsilon\,t_s}{4 \ln \dfrac{s_1}{\sigma_1}} \quad \ldots \ldots \ldots \ldots \quad (13)$$

zur Gewinnung von Vergleichswerten neben 6c benutzt werden.

Die zu ermittelnden Größen lassen sich indessen auch finden, ohne daß man die Linien L_r in das Diagramm einzutragen braucht, und zwar aus den Summen je zweier aufeinander folgenden positiven und negativen größten Ausschläge, die in Fig. 42 mit $\Sigma_1\,\Sigma_2$ u. s. f. bezeichnet sind. In Gleichung 4c werde der Kürze halber gesetzt $e^{\frac{\varepsilon\,t_s}{4\,m}} = \delta$, so daß sich die Form

$$\dfrac{s_1}{\sigma_1} = \dfrac{s_2}{\sigma_2} = \ldots = \delta \quad \ldots \ldots \ldots \quad (14)$$

ergibt. Indem man nun aus den Verhältnissen $\dfrac{s_1}{\sigma_1} = \dfrac{s_2}{\sigma_2}$ u. s. f. neue Verhältnisse bildet, in denen links und rechts die Summen aus Zähler und Nenner der ersten als Nenner erscheinen, gelangt man nach einigen Umformungen zu den Gleichungen

$$w_l = \dfrac{\Sigma_1 - \delta\,\Sigma_2}{2\,(\delta + 1)} = \dfrac{\Sigma_2 - \delta\,\Sigma_3}{2\,(\delta + 1)} \quad \text{u. s. f.} \ldots \ldots \quad (15)$$

und

$$\delta = \dfrac{\Sigma_1 - \Sigma_2}{\Sigma_2 - \Sigma_3} = \dfrac{\Sigma_2 - \Sigma_3}{\Sigma_3 - \Sigma_4} \quad \text{u. s. f.} \ldots \ldots \quad (16)$$

also

$$\frac{\varepsilon\, t_s}{4\,m} = \ln \frac{\Sigma_1 - \Sigma_2}{\Sigma_2 - \Sigma_3} = \ln \frac{\Sigma_2 - \Sigma_3}{\Sigma_3 - \Sigma_4} \quad \text{u. s. f.} \quad \dots \quad (17)$$

Ferner ergibt sich noch

$$\left. \begin{aligned} s_1 &= \frac{\delta \cdot \Sigma_1}{\delta + 1}; \quad s_2 = \frac{\delta \cdot \Sigma_2}{\delta + 1} \ \text{u. s. f.} \\[2mm] \sigma_1 &= \frac{\Sigma_1}{\delta + 1}; \quad \sigma_2 = \frac{\delta \cdot \Sigma_2}{\delta + 1} \ \text{u. s. f.} \end{aligned} \right\} \quad \dots \dots \quad (18)$$

Die Summen $\Sigma_1\, \Sigma_2$ u. s. w., oder auch sofort deren Differenzen, lassen sich im Diagramm leicht abmessen, wonach aus 16 die Größe δ und durch deren Einführung in 15 und 18 die Größen w_l und $s_1\, s_2 \dots \sigma_1\, \sigma_2 \dots$ berechnet werden können.

Die Versuche bestätigen, daß mit den benutzten Versuchseinrichtungen keine einfach gedämpften Schwingungen zu erhalten sind. Es zeigt sich immer darin der Einfluß eines Widerstandes gleitender Reibung, der allerdings, wenn der Indikator sich in gutem Zustande befindet, sehr klein ist. Zeichnet man zur Bestimmung der Lage der Linien L_r, wie vorher beschrieben, bei ruhender Trommel Marken ein, so beträgt ihr Abstand $2\,w_l$ noch nicht 0,4 mm. Immerhin geht daraus hervor, daß der Schreibstift im allgemeinen nicht auf der Linie L_m, die der reibungslosen Ruhelage entspricht, zum Stillstand kommt, so daß es unzulässig ist, die nach Erlöschen der Schwingung von ihm aufgezeichnete Linie als Basis für die Auswertung zu benutzen. Aber auch dann, wenn die Linie L_m genau erhalten würde, dürfte man nicht etwa die von ihr aus gemessenen positiven und negativen größten Ausschläge in Gleichung 4a oder 4b wie bei der einfach gedämpften Schwingung einführen, um darnach den Wert von ε zu berechnen.

Denn man würde damit die Verhältnisse $\dfrac{s_1 + w_l}{s_3 + w_l}$, $\dfrac{s_2 + w_l}{s_4 + w_l}$ u. s. f. oder $\dfrac{s_1 + w_l}{\sigma_1 - w_l}$, $\dfrac{s_2 + w_l}{\sigma_2 - w_l}$ u. s. f. bilden, und man kann sich leicht davon überzeugen, daß die Werte dieser Verhältnisse, wenn $\dfrac{s_1}{\sigma_1} = \dfrac{s_2}{\sigma_2} = \dots = \text{konst.}$, mit abnehmender Amplitude wachsen. Dies ergänzt in gewisser Hinsicht das auf S. 87 Gesagte: man sieht, daß auch nach vollkommener Beseitigung des Spiels in den Gelenken sich noch ein Anwachsen der Werte der genannten Verhältnisse zeigen müßte.

Vergleicht man nun mehrere bei ein und demselben Zustand des Indikators und mit der gleichen Belastung indizierte Schwingungs-Diagramme, so findet man zunächst, daß die Werte $\Sigma_1 \Sigma_2$ u. s. f. nicht in allen Diagrammen gleich groß sind, sondern dann und wann, und zum Teil nicht unbeträchtlich, voneinander abweichen. Es muß also ein veränderlicher Widerstand tätig sein, und zwar ein solcher, der mit der Geschwindigkeit der Bewegung nicht wesentlich zusammenhängen kann. Allem Anschein nach ist die Ursache dieser Abweichungen in einer Veränderlichkeit des zwischen Schreibstift und Papier auftretenden Reibungswiderstandes zu suchen.

Es wurde zwar bei den Versuchen dahin gestrebt, den Schreibstift immer mit der gleichen Kraft gegen das Papier zu drücken, und zwar mit Hilfe einer über eine Leitrolle geführten feinen Schnur, deren Ende mit einem Gewicht von 95 g belastet war. Auch wurde Sorge getragen, die Schreibstifte so lang zu wählen und sie mitsamt ihrer Fassung so einzustellen, daß der Schwerpunkt des ganzen Kopfes möglichst in die vertikale Achsenebene des langen Schreibstifthebels zu liegen käme, um Torsionsschwingungen dieses Hebels zu vermeiden. Aber trotz aller darauf verwendeten Mühe konnten bisher keine Diagramme mit vollkommen unveränderlicher Strichstärke erzielt werden, der Linienzug besteht vielmehr immer aus einzelnen Stücken, die abwechselnd stärker und schwächer geschrieben sind. Vermutlich hat man es also mit Torsionsschwingungen des Schreibstifthebels zu tun, und es erscheint nicht ausgeschlossen, daß solche Schwingungen durch Ungleichförmigkeiten in der Oberflächen-Beschaffenheit des Papiers von Fall zu Fall verschiedenartig erregt werden. Wenn aber die Neigung des Schreibstiftes zur Schreibfläche während des Indizierens auch nur in geringem Maße wechselt, so können sich dabei doch schon solche Unterschiede des Reibungswiderstandes ergeben, daß die erwähnten Abweichungen zwischen den einzelnen Diagrammen erklärlich erscheinen.

Mit Rücksicht auf diesen Umstand wurde so vorgegangen, daß für die Summen $\Sigma_1 \Sigma_2$ u. s. f. jedesmal die Mittelwerte aus den in mehreren gleichartigen Diagrammen gemessenen Größen eingeführt wurden. Immerhin schwanken die Werte der einzelnen Verhältnisse $\dfrac{\Sigma_1 - \Sigma_2}{\Sigma_2 - \Sigma_3}$ u. s. f. ziemlich beträchtlich, und zwar besonders bei den

Schwingungen mit geringster Dämpfung, was aus dem Grunde nicht auffallen kann, weil hier die Werte $\Sigma_1 - \Sigma_2$ u. s. f. kleine Größen sind, so daß beispielsweise Fehler der Messung von 0,2 mm schon relativ groß werden. Stellt man aber der Reihe nach eine größere Anzahl der genannten Verhältnisse auf und bildet daraus wieder Mittelwerte, so weichen diese bei gleichem Zustand und gleicher Belastung des Indikators nur noch sehr wenig voneinander ab. Es gehört also immer ein größerer Satz von Diagrammen für verschiedene Belastungsstufen dazu, eine Ermittlung der Masse m nach Gleichung 6c vornehmen zu können. Auch dann befriedigt die einzelne Versuchsreihe wenig. Man erhält zwar nicht selten zwei oder drei nahezu vollkommen übereinstimmende Werte, daneben aber zum Teil beträchtliche Abweichungen, so daß es abermals einer größeren Anzahl einzelner Versuchsreihen bedarf, um endlich ein Ergebnis zu erhalten, von dem man wohl annehmen darf, daß es der Wirklichkeit ziemlich nahe komme. Immerhin ist der Grad der Annäherung kaum zu bestimmen. Nach allem erscheint die genaue Ermittelung der unbekannten Masse bei den Indikatoren der üblichen Form auf diesem Wege wohl möglich, aber nur durch äußerst mühselige und zeitraubende Versuche.

Zu praktischen Nutzanwendungen hinsichtlich der Bewertung der vom Indikator gelieferten Angaben gelangt man nun, sobald man den Einfluß der Stärke der Dämpfung $\varepsilon \dfrac{ds}{dt}$ und des mit w bezeichneten Widerstandes in Betracht zieht, die sehr verschieden sein kann. Der kleinste Wert für den Dämpfungsfaktor wurde bei den bisher angestellten Versuchen dann erhalten, wenn der Kolben und Zylinder des Indikators mit Putzwolle sauber abgerieben waren, so daß der Kolben auf weißem Papier keine Spuren von Fettigkeit mehr hinterließ, nämlich $\varepsilon = 0{,}486$, ein Mittelwert aus mehreren größeren Versuchsreihen. Dabei wurde eine Feder benutzt, die sich bei der statischen Eichung als nahezu proportional erwies, und für die der Mittelwert von $c = \dfrac{P}{s}$, P in kg und s in m ausgedrückt, 1533 beträgt. Der bei den Versuchen verwendete Kolben hat im kalten Zustande einen Durchmesser von 19,95 mm.

Bei einem solchen kleinen Wert von ε ist in der Gleichung 6c die Größe $(\ln \delta)^2$ neben den anderen Größen praktisch ver-

ohne Schmiermittel ε=0,486
Indikatoröl ε=1,32
Maschinenöl ε=2,34
Cylinderöl ε=3,72
Glycerin und Wasser ε=0,7

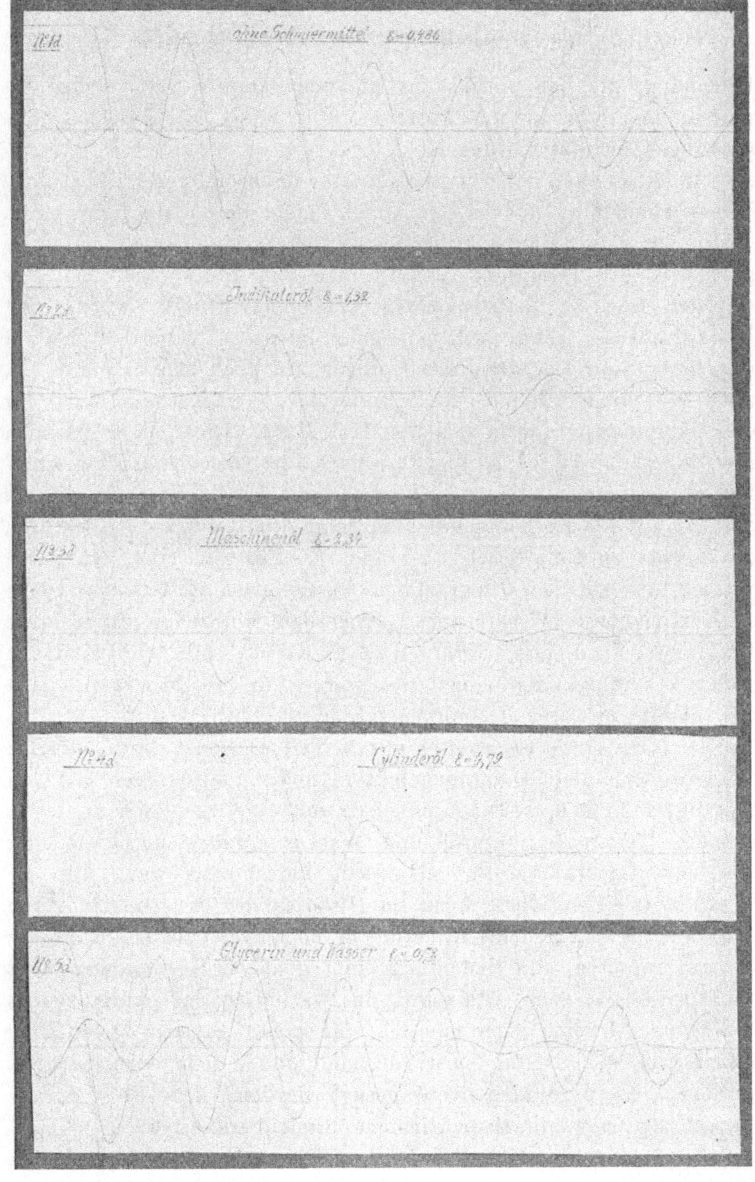

Fig. 43.

schwindend, so daß es angesichts der Unvollkommenheiten der Messung durchaus statthaft ist, zu schreiben: $m = \dfrac{ct_s^2}{4\pi^2}$, eine Gleichung, die bekanntlich für die ungedämpfte Schwingung gilt und — in etwas anderer Form — von Slaby bei seinen Untersuchungen benutzt worden ist.

Indessen kann der Dämpfungsfaktor in besonderen Fällen solche Werte annehmen, daß er schon nicht mehr vernachlässigt werden darf. So zeigt sich beispielsweise schon eine erhebliche Vergrößerung der Dämpfung, sobald man den Indikatorkolben, der bei den hier zu besprechenden Versuchen benutzt wurde, mit Indikatoröl — wenn auch nur ganz leicht — einfettet. Nimmt man aber zum Einfetten des Kolbens ein noch zähflüssigeres Öl, etwa Maschinenöl oder gar Zylinderöl, so wächst der Wert für den Dämpfungsfaktor in bedeutendem Maße. Dies zeigen deutlich die Diagramme 1d bis 4d Fig. 43. Sie sind ebensovielen Diagrammsätzen entnommen, die unter Verwendung verschiedener in dünner Schicht auf den Kolben gebrachten Schmiermittel indiziert wurden; die Zusatzbelastung blieb unverändert. Für die einzelnen Sätze wurden die auf den Diagrammen angegebenen Mittelwerte von ε nach Gleichung 11 berechnet. Außerdem wurden noch mehrere Diagramme indiziert, während der Kolben mit verschiedenen anderen Flüssigkeiten eingefettet war. Für Glyzerin ergab sich ein etwas größerer Dämpfungsfaktor als für Maschinenöl, bei Verwendung eines Gemisches aus 1 Teil Glyzerin und 2 Teilen Wasser war der Dämpfungsfaktor nicht viel größer als bei trockenem Kolben, s. Diagramm 5d, und eine Emulsion aus etwa gleichen Teilen Indikatoröl und Wasser ergab einen Wert, der von dem für Indikatoröl nur wenig verschieden war. Für die Ermittlung dieser Werte kann im Hinblick auf den Umstand, daß den benutzten Versuchseinrichtungen noch verschiedene fühlbare Mängel anhaften, die Bedeutung einer genauen Bestimmung nicht beansprucht werden. Die durch das Verhalten des Schreibzeuges bedingten Abweichungen nämlich, für deren genaue Feststellung bisher kein Mittel gefunden wurde, sind dabei nicht berücksichtigt worden. Es darf aber wohl gesagt werden, daß die genannte Ermittlung in qualitativer Hinsicht brauchbare Angaben geliefert hat, aus denen einige im letzten Abschnitt zu besprechende Hinweise folgen. In diesen Diagrammen sind auch je zwei

Reibungslinien nach den Marken eingetragen worden, die in der auf S. 91 erwähnten Weise erhalten wurden. Nach dem, was vorher über die Schreibstiftreibung gesagt wurde, kann der Abstand dieser Linien nicht als ein lineares Maß für die Größe 2 w angesehen werden, da der Widerstand w aller Wahrscheinlichkeit nach — wenn auch vielleicht nur in geringem Maße — veränderlich ist.

Um auch den Einfluß zu studieren, den eine verschiedene Stärke des Widerstandes gleitender Reibung ausübt, wurde noch

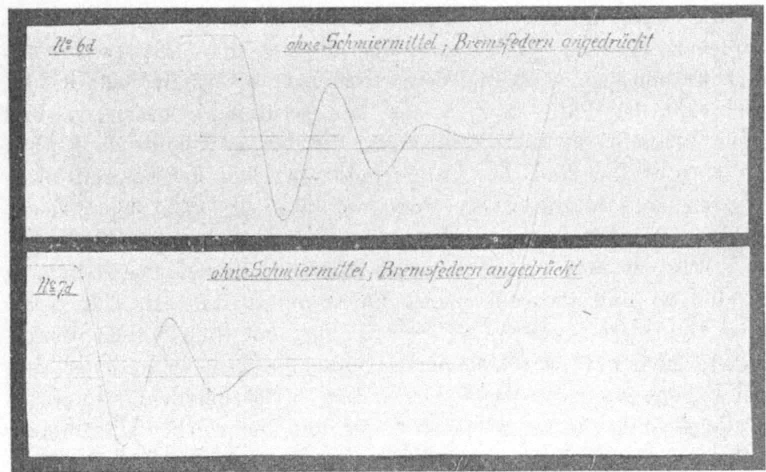

Fig. 44.

eine Vorrichtung in Gestalt zweier Bremsfedern angebracht, die durch eine Schraube mit veränderlichem Druck gegen die zur Befestigung der Zusatzgewichte dienende Verlängerungsstange gepreßt werden können. Damit hat man es leicht in der Hand, die Schwingungen beliebig schnell zum Erlöschen zu bringen, wie die Diagramme 6 d und 7 d Fig. 44 zeigen. Auf den ersten Blick scheinen sie nicht erheblich von denen abzuweichen, die nach Einfettung des Kolbens mit zähflüssigem Öl indiziert worden sind. Ermittelt man aber aus beiden Arten von Diagrammen den Wert von ε, so zeigt sich, daß dieser für die mit angedrückten Bremsfedern indizierten Diagramme kaum von dem der Schwingung in Diagramm

1 d, die also bei erreichbar kleinstem Wert des Dämpfungsfaktors indiziert wurde, abweicht. Und zwar sind die Abweichungen so gering, daß zunächst nur auf Messungsfehler bezw. auf den störenden Einfluß geschlossen werden kann, den das Verhalten des Schreibzeuges ausübt. Es wurde auch versucht, nach Gleichung 15 die Werte von w_l zu berechnen. Auch dies hat noch nicht zu sicheren Aufschlüssen geführt. In den für die einzelnen Diagramme sich ergebenden Zahlenwerten erscheinen vielfach solche mit negativem Vorzeichen, was offenbar dem Umstande zuzuschreiben ist, daß für die Summen Σ und deren Differenzen nicht die Werte erhalten worden sind, die der Schwingung des Indikatorkolbens allein entsprechen würden. Bildet man nun aber wieder Mittelwerte aus den Ergebnissen größerer Versuchsreihen, so erhält man in der Mehrzahl der Fälle doch solche mit positivem Vorzeichen, und zwar kleinere für die Diagramme, die bei geschmiertem Kolben indiziert worden sind. Die Unterschiede zwischen den so ermittelten Werten sind allerdings so regellos, daß sie nicht zu sicheren Schlüssen, sondern nur zu Vermutungen ausreichen.

Wie aus dem vorher Gesagten folgt, erhält man aus Gleichung 15 für w_l und darnach ebenso für w nur Mittelwerte. Es kann also von einer gedämpften Schwingung mit konstantem Widerstande auch nur im angenäherten Sinne die Rede sein. Aber hierbei kommt man, da der Widerstand w selbst bei den Indikatoren bester Ausführung nie gleich Null ist und bei solchen, die minder gut ausgeführt sind oder sich nicht mehr in bestem Zustande befinden, beträchtliche Werte annehmen kann, sicherlich der Wirklichkeit näher, als wenn man w vernachlässigt und den Vorgang als einfach gedämpfte Schwingung behandelt. Selbst wenn der Verlauf der Kurve für die Funktion w nicht bekannt ist, sondern nur deren Mittelwert, so bedeutet dies für die Beurteilung der Eigenschaften des Indikators doch schon einen schätzbaren Aufschluß.

Für den Umstand, daß im Diagramm 5 d die Dämpfung offenbar geringer ist als im Diagramm 1 d, trotzdem der Dämpfungsfaktor hier einen kleineren Wert hat als dort, scheint folgende Erklärung nahezuliegen. Durch die dünne, aus Glyzerin und Wasser bestehende Flüssigkeit wird der Dämpfungsfaktor nur wenig erhöht; möglicherweise unterscheiden sich die wahren Werte von ε noch weniger als die auf den Diagrammen angegebenen.

Anderseits vermindert die Flüssigkeit den Widerstand der gleitenden Reibung, so daß insgesamt eine kleinere Dämpfung auftritt. Übrigens gilt das, was vorher über die Ermittlung der Werte von w_l gesagt wurde, hauptsächlich für solche Schwingungen, bei denen der äußere Widerstand sehr klein ist. Vergrößert man diesen, was schon durch stärkeres Andrücken des Schreibstiftes geschehen kann, so werden sofort die Unterschiede zwischen den einzelnen Werten von w_l kleiner. Ein zwischen zwei Indikatoren oder zwei Betriebszuständen ein und desselben Indikators hinsichtlich des äußeren Widerstandes bestehender Unterschied wird sich deshalb durch solche Untersuchungen wenigstens vergleichsweise feststellen lassen.

Obschon diese Art von Versuchen der Fortsetzung mit besser geeigneten Instrumenten sowie strengerer Methoden der Auswertung bedarf, und eine ausführlichere Darlegung der dabei erzielten Ergebnisse einer anderen Arbeit vorbehalten bleiben muß, so scheint doch nach den bisher gewonnenen Erfahrungen folgendes ausgesprochen werden zu dürfen, daß die von der Geschwindigkeit wesentlich abhängigen Bewegungswiderstände hauptsächlich molekularer Natur sind, innere Reibung in der Feder und in der zwischen Kolben und Zylinderwand sich befindenden Schmiermittel- oder Flüssigkeitsschicht, und daß die äußeren Widerstände der gleitenden Reibung die Größe des Dämpfungsfaktors nur in sehr geringem Grade beeinflussen.

Nach diesen Erörterungen kann auf die im Anfang dieses Abschnittes aufgeworfene Frage nach den Umständen näher eingegangen werden, unter denen die im Diagramm Fig. 32 Nr. 1a sich zeigende Schwingung zustande gekommen sein möge. Dieses Diagramm wurde mit demselben Indikator indiziert, der zu den vorher besprochenen Versuchen über die Eigenschwingungen diente. Nur wurde hier eine andere Feder benutzt, die sich bei der statischen Eichung als nahezu proportional erwies, und für die der Mittelwert von $c = \dfrac{P}{s}$, wiederum P in kg und s in m ausgedrückt, 2397 beträgt. Dafür beträgt nach den vorher angestellten Messungen die Schwingungszeit der Eigenschwingungen, wenn der Indikator nicht mit Zusatzgewichten belastet ist, $t_s = 0{,}0161$ Sek. Aus der Versuchsreihe, der das Diagramm Fig. 32 Nr. 1a entnommen ist, wurde aber als Schwingungszeit des darin sich zeigenden Schwingungsvorganges der Mittelwert $t'_s = 0{,}0253$ Sek.

gefunden. Die Ausmessung muß bei Diagrammen dieser Art so erfolgen, wie das Schema Fig. 45 dies zeigt. Denn die wellenförmige Linie des Diagramms ist das Ergebnis der Übereinanderlagerung zweier Funktionen, von denen die eine, nämlich die des Arbeitsdruckes im Pumpenzylinder, in bekannter Weise durch Einzeichnung der tangierenden Kurven und Halbierung der von diesen

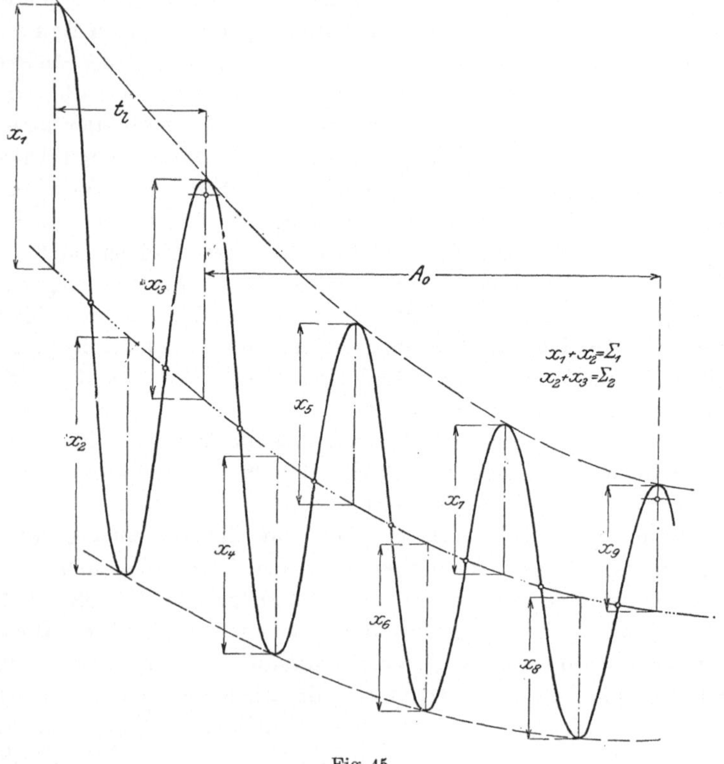

Fig 45.

begrenzten Ordinatenstücke annähernd gefunden wird. Nimmt man zunächst den Dämpfungsfaktor als so klein an, daß die Größe $(\ln \delta)^2$ in Gleichung 6c vernachlässigt werden darf, so kann man die Massen proportional dem Quadrat der Schwingungszeiten setzen, und wenn man ferner voraussetzt, die Vergrößerung der Schwingungszeit von t_s auf t_s' sei durch eine gleich einer Zusatzbelastung wirkende Wassersäule verursacht worden, so ergibt sich für die reduzierte Zusatzmasse m_z die Beziehung $m_z = m \left(\dfrac{t_s'^2}{t_s^2} - 1 \right)$, worin m die bekannte reduzierte Masse des nicht durch irgend welche Zusatzgewichte belasteten Indikatortriebwerks bezeichnet. Es liegt nun nahe, zu vermuten, daß hauptsächlich nur die Wassersäule gleich einer Zusatzbelastung wirke, die sich in der zum Indikator führenden Leitung zwischen dem Kolben und der Mündung im Pumpenzylinder bewegt. Diese Leitung hat größtenteils einen Durchmesser von 10 mm; nur im Indikatorhahn findet sich eine kurze und im Indikatorzylinder selbst eine etwas längere Erweiterung, beide mit einem Durchmesser von 20 mm. In diesen Erweiterungen findet jedenfalls eine Querschnittsvergrößerung der Wassersäule statt, die aber zunächst unberücksichtigt bleiben möge. Die Länge der Wassersäule ist mit der Lage des Indikatorkolbens veränderlich; die für den Schwingungsvorgang in Betracht kommende mittlere Länge mißt 221 mm. Setzt man für diese ganze Länge einen Durchmesser von 10 mm an, der also rund halb so groß ist wie der des Indikatorkolbens, so ist unter der Voraussetzung kontinuierlicher und reibungsfreier Strömung ihre Momentangeschwindigkeit 4 mal so groß wie die des Indikatorkolbens, ihre momentane Energie also 16 mal so groß wie die eines mit dem Indikatorkolben fest verbundenen Zusatzgewichtes, dessen Masse ebenso groß wäre wie die der betrachteten Wassersäule, so daß als ihre reduzierte Masse m_r das 16 fache der wirklichen mittleren Masse eingesetzt werden möge. Die Berechnung nach den Abmessungen der Wassersäule ergibt $m_r = 0{,}028$, die Ermittlung der Zusatzmasse aus dem Diagramm aber $m_z = 0{,}020$. Bei Berücksichtigung einer Querschnittsvergrößerung in den Erweiterungen der Leitung würde m_r kleiner ausfallen, indessen würde es bei der Unvollkommenheit der Versuchseinrichtungen und bei der in den übrigen Annahmen liegenden Unsicherheit verfehlt sein, sich auf den Versuch einzulassen, einen genaueren Wert von m_r zu ermitteln. Nimmt man als Zusatzmasse den aus dem Diagramm ermittelten Wert von $m_z = 0{,}02$ an, so ergibt sich für den Dämpfungsfaktor der Wert $\varepsilon = 1{,}29$, der also noch klein genug scheint, um für eine Annäherungsrechnung die vorher gemachte Annahme zu rechtfertigen, daß die Größe $(\ln \delta)^2$ in Gleichung 6c als verschwindend betrachtet werden dürfe.

VI. Vollkommenere Indikatoren für wissenschaftliche Forschungen.

Es würde ein wenig befriedigendes Bestreben sein, auf eine Vervollkommnung des Indikators nur hinsichtlich der Art der Trommelbewegung hinarbeiten zu wollen. Bei der Auswertung der Diagramme für wissenschaftliche Forschungen darf die vom Indikator aufgezeichnete Linie nicht als Spannungslinie, sondern nur als Weglinie betrachtet werden: der Weg der Schreibstiftspitze, das ist in der Tat das einzige, was das Diagramm ohne Fehler anzeigt. Die Spannungslinie, die man zu erhalten wünscht, kann daraus nur durch Ableitung gewonnen werden. Und zwar wird man wohl, soviel gegenwärtig ausgesprochen werden darf, der Wirklichkeit in vielen Fällen sehr nahe kommen, wenn man die durch das Diagramm gegebene Funktion als erzwungene Schwingung mit Dämpfung behandelt, und zwar mit einer durch innere und äußere Widerstände bewirkten Dämpfung. Auch dieserhalb möge auf die Mechanik starrer Systeme von H. Lorenz[1]) verwiesen werden, es sei aber gestattet, die Punkte, die für den hier verfolgten Zweck von wesentlicher Bedeutung sind, besonders hervorzuheben.

Setzt man voraus, daß die Wege der Schreibstiftspitze denen des Indikatorkolbens vollkommen proportional und parallel gerichtet seien, so hat man im Linienzug des Diagramms das Ergebnis einer Übereinanderlagerung zweier Funktionen, der Eigenschwingung und einer Störungsfunktion, die in diesem Falle gleichbedeutend ist mit der gesuchten Spannungsfunktion. Diese möge zunächst einmal als periodische Funktion angesehen werden, dann läßt sich sagen, daß in sehr vielen Fällen ihre Periode relativ zu der der Eigenschwingungen des Indikators sehr groß ist. An einzelnen Stellen des Diagramms vollzieht sich die Änderung der gesuchten Spannungsfunktion so langsam, daß die Übereinanderlagerung ziemlich einfacher Natur ist, und die Eigenschwingungen des Indikators, sofern sie überhaupt in wahrnehmbarer Größe hervortreten, als solche leicht erkannt werden. Die Spannungs-

---

[1]) Siehe Fußnote S. 84.

funktion ist dann in der wiederholt erwähnten Weise mit Hilfe zweier stetig verlaufenden tangierenden Kurven zu finden. Erregt werden die Eigenschwingungen durch schnelle Änderungen der Spannungsfunktion, und bei den Indikatoren üblicher Form, deren bewegte Teile eine relativ geringe Masse haben, erlöschen sie in der Regel nach kurzer Zeit, da sie wegen des stets wirksamen äußeren Widerstandes nicht einfach gedämpft sind. Für alle Teile des Diagramms nun, deren Analysierung sich nicht auf einfachere Weise ermöglicht, kann die Spannungslinie folgendermaßen gefunden werden.

Die vom Schreibstift aufgezeichnete Linie wird zunächst als reine Weglinie betrachtet; ihre Ordinaten stellen in einem durch das Übersetzungsverhältnis des Schreibzeuges gegebenen Maßstabe die verschiedenen Werte der Größe s dar. Durch Differenzierung der Weglinie mittels des Kurvenlots oder einer ähnlichen Einrichtung läßt sich daraus die Geschwindigkeitslinie ableiten, und indem man deren Ordinaten mit dem Dämpfungsfaktor multipliziert, der aus der Untersuchung der Eigenschwingungen ermittelt worden ist, erhält man die Dämpfungslinie, deren Ordinaten die verschiedenen Werte der Größe $\varepsilon \cdot \dfrac{ds}{dt}$ darstellen. Ferner gelangt man durch eine Differenzierung der Geschwindigkeitslinie zur Beschleunigungslinie, und wenn deren Ordinaten mit der insgesamt wirksamen reduzierten Masse m multipliziert werden, so entsteht eine weitere Linie, die hier als Kraftlinie bezeichnet sei, da ihre Ordinaten beschleunigende Kräfte, nämlich die verschiedenen Werte der Größe $m \cdot \dfrac{d^2 s}{dt^2}$, darstellen. Endlich möge durch die Untersuchung der Eigenschwingungen auch die Linie des äußeren Widerstandes gefunden sein, die parallel zur Abszisse laufen würde, wenn die vorher gemachte Annahme zuträfe, daß der äußere Widerstand unveränderlich sei. Für die grundsätzliche Behandlung der vorliegenden Aufgabe ist es gleichgültig, wie sich im besonderen der Verlauf dieser Reibungslinie gestaltet; ihre Ordinaten stellen die verschiedenen Werte der Größe w dar. Nach dem aus $s = \dfrac{P}{c}$ folgenden Maßstab gemessen, wobei s in m und P in kg einzuführen ist, geben die Ordinaten der Weglinie auch die verschiedenen Werte des Produktes c . s an, so daß die Weglinie gleichzeitig als Federdrucklinie betrachtet werden kann. Diese vier verschiedenen Linien, die Dämpfungslinie, die Kraftlinie, die Reibungslinie und die Federdrucklinie, sind jetzt durch Reduktion auf ein und denselben Maßstab zu bringen, etwa auf den der Federdrucklinie. Praktisch wird die Reduktion mit der Multiplikation gleichzeitig vorgenommen, so daß man also die Dämpfungslinie und die Kraftlinie durch je eine Reduktion der Geschwindigkeitslinie bezw. der Beschleunigungslinie direkt im Maßstabe der Federdrucklinie erhält. Und zwar reduziert man am besten auf graphischem Wege, da man hierdurch in bequemer Weise die erreichbar genauesten Ergebnisse erzielt. Bildet man nun für genügend viele gleiche Zeitpunkte die algebraische Summe der Ordinaten der genannten vier Linien, so erhält man damit die Ordinaten der gesuchten Spannungslinie. Wie im besonderen die Vorzeichen einzusetzen sind, ersieht man sofort aus der durch die Weglinie angezeigten momentanen Bewegungsrichtung des Kolbens.

Man erkennt hier besonders deutlich die Wichtigkeit, die der Untersuchung der Eigenschwingungen beigemessen werden muß. Der Bewegung des Kolbens wirken innere und äußere Widerstände entgegen, ohne deren sorgfältige Bestimmung eine Richtigstellung des indizierten Diagramms unmöglich ist. Diese Bestimmung muß ersichtlich dann erfolgen, wenn sich der Indikator in demselben Zustande befindet, wie während des Indizierens. Sie kann auch unter Umständen für eine vorläufige qualitative Bewertung des Diagramms von Interesse sein. Die vorwiegend durch inneren Widerstand bewirkte Dämpfung $\varepsilon \cdot \dfrac{ds}{dt}$ wächst mit dem Dämpfungsfaktor und der Geschwindigkeit. Ist also etwa der Kolben mit einem nicht sehr leichtflüssigen Schmiermittel eingefettet, so nähert sich vielleicht die indizierte Spannungslinie der wahren an den Stellen, wo die Spannung sich nur langsam ändert, etwas mehr, als wenn der Indikatorkolben gar nicht oder etwa mit einem leichtflüssigeren aber weniger gut schmierenden Öl eingefettet wäre. An den Stellen aber, wo der Kolben sich mit großer Geschwindigkeit bewegt, beispielsweise während des ersten Teiles der Verbrennung bei Gasmaschinen, wird das indizierte Diagramm um so unrichtiger, da hier der innere Widerstand — wenigstens bei einem gut ausgeführten und in gutem Zustande erhaltenen Indikator — von weit größerem Einfluß ist als der äußere.

Das vorher geschilderte Verfahren ist umständlich und zeitraubend, aber es hat den Vorzug, daß es sich durchweg auf dem für die Auswertung von Diagrammen besonders empfehlenswerten graphischen Wege ausführen läßt. Um über seine Anwendbarkeit und Zuverlässigkeit ein Urteil zu gewinnen, hat Verfasser mehrere indizierte Diagramme in der geschilderten Weise behandelt und ist zu der Ansicht gekommen, daß dieses Verfahren an sich bei sorgfältiger und der Kontrolle wegen mehrfach wiederholter Durchführung der Differenzierung alle Beachtung verdient und sicherlich in vielen Fällen wertvolle in den indizierten Diagrammen enthaltene Angaben aufzuschließen vermag, deren Vorhandensein und Bedeutung sich keineswegs ohne weiteres verrät. Demgegenüber kann der Aufwand an Mühe und Zeit, den es kostet, nicht erheblich ins Gewicht fallen. Überdies kann zuweilen auch eine Ermittlung dieser Art auf einen kleinen Teil des Diagramms beschränkt werden.

Auf die mit den Indikatoren gewöhnlicher Bauart indizierten Diagramme angewandt würde indessen dieses Verfahren dennoch ziemlich aussichtslos bleiben, da seinen Ergebnissen die mit einer Anzahl nicht zu umgehender Voraussetzungen übernommene Unsicherheit anhaftet. Alle Versuche, diese durch besondere Ermittlung zu beseitigen, scheitern in letzter Linie daran, daß sich über das Verhalten des Schreibzeuges keine vollkommene Klarheit gewinnen läßt. Es verlohnt sich deshalb wohl, dem Gedanken näher zu treten, für Forschungszwecke besondere und besser geeignete Indikatoren zu bauen, und dabei würden nach den bisher gemachten Erfahrungen etwa folgende Punkte Beachtung verdienen.

1. Falls ein den Kolbenweg vergrößert aufzeichnendes Schreibzeug verwendet werden soll, darf man sich mit der gewöhnlich verwirklichten Annäherung an die Geradführung, Parallelität und Proportionalität keineswegs begnügen. Alle Hebel und Lenker sind wesentlich steifer, also gegen Formveränderungen erheblich besser gesichert, auszubilden. Der Form nach sind alle Teile möglichst einfach und regelmäßig zu gestalten, so daß die reduzierte Masse ohne besondere Mühe genau ermittelt werden kann. Die dadurch etwa verursachte Vergrößerung der Masse erscheint nicht bedenklich, da sie höchstens dazu beiträgt, die Eigenschwingungen stärker hervortreten zu lassen, wodurch die Auswertung des Diagramms zu Forschungszwecken kaum jemals erschwert, vielmehr

in den meisten Fällen erleichtert wird. Im übrigen könnte man sich auch mit der früher üblichen vierfachen Vergrößerung, statt der neuerdings vorgezogenen sechsfachen, vollauf begnügen.

2. Vielleicht wäre es von Vorteil, auf eine vergrößerte Aufzeichnung des Kolbenweges ganz zu verzichten und lieber den Kolben selbst größere Wege machen zu lassen, etwa solche vom Vierfachen des jetzt üblichen Betrages. Für diese Frage ist wohl hauptsächlich die Rüchsicht auf die Herstellung der Federn entscheidend. Die größere Länge der Federn würde kein erhebliches Bedenken rechtfertigen, da man sich mit der dadurch bedingten größeren Baulänge und geringeren Handlichkeit hinsichtlich des besonderen Zweckes der Instrumente abfinden würde.

3. Sehr erwünscht wäre es, die Federn so herstellen zu können, daß sie sich ohne besondere Umständlichkeit in ihre einzelnen Bestandteile zerlegen und nach deren Abwägung wieder zuverlässig zusammensetzen ließen. Falls dies auf zu große Schwierigkeiten stoßen sollte, müßte für jede Feder das Gewicht der einzelnen Teile in der ausführenden Fabrik vor der Zusammensetzung genau bestimmt und in einem Begleitschein angegeben werden.

4. Die Gesamtanordnung muß derartig ausgebildet werden, daß man den Kolben jederzeit mit Zusatzgewichten belasten kann, um die Eigenschwingungen nach Erfordernis stärker hervortreten zu lassen.

5. Hinsichtlich der Trommelbewegung ist zu bemerken, daß allen Anforderungen durch Zeitdiagramme sicher entsprochen werden kann. Die Trommel ist also durch einen mit möglichst wenig veränderlicher Winkelgeschwindigkeit laufenden Motor anzutreiben. Bei Verwendung von Schnurtrieben ist auf die Beschaffung geschlossener Schnüre, die aus besten Rohstoffen möglichst dicht und gleichförmig gewirkt sind, ein ganz besonderer Wert zu legen. Es müßte aber auch die Verwendung von Übertragungsmitteln größerer Starrheit versucht werden, etwa von besonders sorgfältig hergestellten Schnecken- oder Reibungsräder-Getrieben.

Noch einen Schritt weiter sind bereits vor mehreren Jahren Albert Pflüger und Julius Pflüger gegangen, indem sie einen Indikator ohne Meßfeder[1]) entwarfen, bei dem sich in einem langen Zylinder ein mit Gewichten zu belastender Kolben bewegt. Wie aus einem Briefwechsel der Erfinder mit dem Verfasser hervor-

---

[1]) S. Patentschrift Nr. 149562 Klasse 42 k.

geht, ist ein Indikator dieser Art auch ausgeführt und zu Versuchen an Verbrennungsmaschinen von hoher Umlaufzahl mit gutem Erfolge benutzt worden. Aus den indizierten Diagrammen muß die Spannungslinie durch zweimalige Differenzierung abgeleitet werden. Offenbar wirken auch bei diesem Indikator der Bewegung des Kolbens Widerstände innerer und äußerer Reibung entgegen. Aber es wird durch Verwendung einer größeren Kolbenbelastung dahin gebracht werden können, daß die Größen $\varepsilon \cdot \dfrac{ds}{dt}$ und w gegenüber der Größe $m \cdot \dfrac{d^2s}{dt^2}$ verschwindend klein werden. Dann würde man mit guter Annäherung durch eine einfachere Auswertung zur Spannungslinie gelangen, da diese durch das nach leicht bestimmbarem Maßstabe auszumessende $\dfrac{d^2s}{dt^2}$ - Diagramm sofort gegeben wäre. Für eine vorläufige qualitative Beurteilung des Verlaufs der Spannungsänderung ist es indessen erwünscht, auch mit sehr geringer Masse unter Verwendung einer Feder indizieren zu können, so daß man wahrscheinlich zu einer möglichst großen Vielseitigkeit der Anwendung gelangt, wenn man den Indikator so einrichtet, daß er sowohl mit einer Meßfeder als auch ohne eine solche benutzt werden kann.

Zweifellos vermögen durchweg die Indikatoren der gegenwärtig üblichen Bauarten auf dem für sie im wesentlichen beanspruchten Verwendungsgebiete vortreffliche Dienste zu leisten. Und es mag wohl den Konstrukteuren und Erbauern dieser Instrumente, die sich um ihre fortschreitende Vervollkommnung in hohem Maße verdient gemacht haben, wenig bescheiden und anerkennend erscheinen, daß mit neuen und vielleicht weit gehenden Ansprüchen an ihre Opferwilligkeit herangetreten wird, dazu noch hinsichtlich der Beschaffung von Instrumenten, denen aller Voraussicht nach immer nur ein verhältnismäßig kleines Verwendungsgebiet in den Laboratorien und auf den Prüfungsfeldern beschieden sein wird. Aber ihre Erfahrungen können für eine erfolgreiche Lösung der hier besprochenen Aufgaben nicht entbehrt werden. Und die Möglichkeit, dem Indikator eine zu Forschungsarbeiten geeignete besondere Ausbildung zu geben, scheint in der Tat nicht allzufern zu liegen, so daß eine minder lebhafte Anstrebung dieses Zieles zu beklagen wäre.

Verlag von Julius Springer in Berlin.

Die Regelung der Kraftmaschinen.

Berechnung und Konstruktion
der Schwungräder, des Massenausgleichs und der Kraftmaschinenregler
in elementarer Behandlung.
Von **Max Tolle,**
Professor und Maschinenbau-Schuldirektor.
Mit 372 Textfiguren und 9 Tafeln.
In Leinwand gebunden Preis M. 14,—.

Technische Messungen,

insbesondere bei Maschinen-Untersuchungen.
Zum Gebrauch in Maschinenlaboratorien und für die Praxis.
Von **Anton Gramberg,**
Dipl.-Ingenieur, Dozent an der Technischen Hochschule Danzig.
Mit 181 Textfiguren.
In Leinwand gebunden Preis M. 6,—.

Technische Untersuchungsmethoden zur Betriebskontrolle,

insbesondere zur Kontrolle des Dampfbetriebes.
Zugleich ein Leitfaden für die
Arbeiten in den Maschinenbaulaboratorien technischer Lehranstalten.
Von **Julius Brand,**
Ingenieur, Oberlehrer der Königl. vereinigten Maschinenbauschulen zu Elberfeld.
Mit 168 Textfiguren, 2 Tafeln und mehreren Tabellen.
In Leinwand gebunden Preis M. 6,—.

Die automatische Regulierung der Turbinen.

Von Dr.-Ing. **Walther Bauersfeld,**
Assistenten an der Königl. Technischen Hochschule in Berlin.
Mit 126 Textfiguren.
Preis M. 6,—.

Die Bedingungen für eine gute Regulierung.

Eine Untersuchung der Regulierungsvorgänge bei Dampfmaschinen und Turbinen.
Von **J. Isaachsen,**
Ingenieur.
Mit 34 Textfiguren.
Preis M. 2,—.

Fliehkraft und Beharrungsregler.

Versuch einer einfachen Darstellung der Regulierungsfrage im Tolleschen
Diagramm.
Von Dr.-Ing. **Fritz Thümmler.**
Mit 21 Textfiguren und 6 lithographierten Tafeln.
Preis M. 4,—.

Zur Theorie der Zentrifugalpumpen.

Von Dr. techn. **Egon R. v. Grünebaum,**
Ingenieur.
Mit 89 Textfiguren und 3 Tafeln.
Preis M. 3,—.

Zu beziehen durch jede Buchhandlung.

Verlag von Julius Springer in Berlin.

Neue Tabellen und Diagramme für Wasserdampf.

Von **Dr. R. Mollier,**

Professor an der Technischen Hochschule Dresden.

Mit zwei Diagrammtafeln.

Preis M. 2,—.

Die Dampfturbinen

mit einem Anhang

über die Aussichten der Wärmekraftmaschinen und über die Gasturbine.

Von **Dr. A. Stodola,**

Professor am Eidgenössischen Polytechnikum in Zürich.

Dritte, bedeutend erweiterte Auflage.

Mit 434 Figuren und 3 lithographierten Tafeln.

In Leinwand gebunden Preis M. 20,—.

Das Entwerfen und Berechnen der Verbrennungsmotoren.

Handbuch für Konstrukteure und Erbauer von Gas- und Ölkraftmaschinen.

Von **Hugo Güldner,**

Oberingenieur, Direktor der Güldner Motoren-Gesellschaft in München.

Zweite, bedeutend erweiterte Auflage.

Mit 800 Textfiguren und 30 Konstruktionstafeln.

In Leinwand gebunden Preis M. 24,—.

Zwangläufige Regelung der Verbrennung bei Verbrennungs-Maschinen.

Von Dipl.-Ing. **Carl Weidmann,**

Assistenten an der Technischen Hochschule zu Aachen.

Mit 35 Textfiguren und 5 Tafeln.

Preis M. 4,—.

Generator-, Kraftgas- und Dampfkessel-Betrieb

in bezug auf Wärmeerzeugung und Wärmeverwendung.

Eine Darstellung der Vorgänge, der Untersuchungs- und Kontrollmethoden bei der Umformung von Brennstoffen für den Generator-, Kraftgas- und Dampfkessel-Betrieb.

Von **Paul Fuchs,**

Ingenieur.

Zweite Auflage von: „Die Kontrolle des Dampfkesselbetriebes".

Mit 42 Textfiguren.

In Leinwand gebunden Preis M. 5,—.

Hilfsbuch für den Maschinenbau.

Für Maschinentechniker sowie für den Unterricht an technischen Lehranstalten.

Von **Fr. Freytag,**

Professor, Lehrer an den technischen Staatslehranstalten in Chemnitz.

Zweite, vermehrte und verbesserte Auflage.

Ein Band von 1164 Seiten mit 1004 Textfiguren und 8 Tafeln.

In Leinwand gebunden Preis M. 10,—; in Ganzleder gebunden Preis M. 12,—.

Zu beziehen durch jede Buchhandlung.